# 中国白酒包装设计发展研究

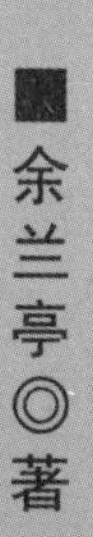


吉林大学出版社
·长春·

**图书在版编目(CIP)数据**

中国白酒包装设计发展研究 / 余兰亭著 . —长春 : 吉林大学出版社， 2020.6

ISBN 978-7-5692-6649-8

Ⅰ. ①中… Ⅱ. ①余… Ⅲ. ①白酒一产品包装一包装设计一研究 Ⅳ. ①TS206.2

中国版本图书馆 CIP 数据核字 (2020) 第 109769 号

**书　　名** 中国白酒包装设计发展研究
ZHONGGUO BAIJIU BAOZHUANG SHEJI FAZHAN YANJIU

**作　　者** 余兰亭 著
**策划编辑** 张维波
**责任编辑** 张维波
**责任校对** 李潇潇
**装帧设计** 繁华教育
**出版发行** 吉林大学出版社
**社　　址** 长春市人民大街 4059 号
**邮政编码** 130021
**发行电话** 0431-89580028/29/21
**网　　址** http://www.jlup.com.cn
**电子邮箱** jdcbs@jlu.edu.cn
**印　　刷** 廊坊市广阳区九洲印刷厂
**开　　本** 787mm×1092mm　1/16
**印　　张** 9
**字　　数** 130 千字
**版　　次** 2020 年 6 月　第 1 版
**印　　次** 2020 年 6 月　第 1 次
**书　　号** ISBN 978-7-5692-6649-8
**定　　价** 55.00 元

---

# 前　言

自古以来，酒文化就是中华传统文化中不可分割的一部分，白酒自身不仅是一种饮品，更是一种文化信仰的象征。酒文化的外化表现——白酒包装，在漫长的历史长河中也在不断发展，而白酒包装与环境、人、酒本身的关系却始终不变。随着社会化进程的演变，白酒包装背后的时代环境、行业环境都随之变化，人们对白酒包装的要求也从功能诉求发展为审美诉求、情感诉求及体验诉求，甚至更多。

从古至今，人类经历了手工业时期、工业时期和信息时期，每一次生产力的进步都带来了白酒行业产能的提高，也让白酒包装的概念从统称酒器精化到分门别类的酒瓶、酒盖、酒盒、酒标等。如今，移动互联网、5G 网络、人工智能技术日新月异，东西方文化相互交融，而一味守旧、千篇一律的白酒包装设计风格已经无法满足市场的需求，这就意味着在新型的环境下白酒包装也要与时俱进，既要继承优秀的中华传统文化，还要符合现代消费者的心理预期，从而促使白酒行业稳定、可持续发展。

在《中国白酒包装设计发展研究》一书中，作者将依照从古至今的时间轴，将白酒包装设计发展过程分为三大时期，并且结合近几年的著作、论文及包装案例对白酒包装的发展路径做了详细的梳理与分析，旨在以古为鉴，使中国白酒包装得以蓬勃发展。全书主要有四章，其内容概括如下：

第一章为概论，主要分析了中国酒文化与白酒包装之间的关系，进而引出白酒包装设计所依赖的三大要素——环境、人、酒本身，接着介绍了白酒包装的设计之美，这为后文三大章节的撰写奠定了坚实的理论研究框架基础。因此，后续的三个章节将先分析白酒包装与环境（宏观、微观）、人（购买者、使用者）、白酒（品牌、品种）的关系，接着再分析白酒包装中形态、结构、材料、工艺和视觉元素的设计之美。

第二章主要介绍了手工业时期的白酒包装，研究的时间界限是从新石器时代到第一次工业革命以前，即 18 世纪中期。此时的白酒包装还谈不上真正现代意义上的包装，只能称之为酒器，此时酒器身兼礼器的使命。本书当中主要研究了盛酒器，分别从陶、青铜、漆、瓷等不同材料对酒器赋予的气质及韵味展开论述。

第三章主要介绍了近现代工业时期的白酒包装，研究的时间界限是从第一次工业革命的爆发到第二次工业革命结束。此时，具有营销功能的现代意义上的白酒包装出现，并且有了系统的分类，白酒包装的形态、结构、材料与工艺得以空前发展，白酒厂商的品牌意识开始觉醒，他们在同质化包装中寻求自己的差异化视觉特色。

第四章主要介绍了信息时期的白酒包装，此时的时间界限是后工业时期。互联网技术的发展使得现代文化与传统文化、东西方文化之间相互碰撞，人们对可交互、情景化体验的设计尤为重视，形成了白酒包装设计的多样化风格。

在后记中，作者还对未来的白酒包装进行了展望，绿色包装、可持续包装、文化自信包装将是未来白酒包装行业发展的必经之路。

游雅玲、党晨晨老师进行了全文资料的收集和整理，吉林大学出版社的编辑为本书进行了编辑与校对工作，在此向所有参与本书编写环节的老师表示诚挚的感谢，正是因为有了你们的帮助才使得本书顺利出版。由于作者实践经验和理论水平有限，缺点错误在所难免，不足之处，敬请读者批评指正。

余兰亭撰写

2019 年 12 月

# 目　录

# 第一章　概 论

## 第一节　中国的酒文化与白酒包装

酒是粮食的精华，天工之造化。关于白酒的起源，中国素有“杜康造酒”“猿猴酿酒”“仪狄造酒”等之说，而目前考古学发现酿酒的痕迹可以追溯到三皇五帝的上古时期，当时的酒是未经过滤的酒醪，呈糊状和半流质，只能食用。随着酿酒工艺的不断进步，酒液越来越纯净，酒糟越来越少，到商周时期出现了黄酒，从流动性、色泽等方面较之前均有很大提高。而现代酿酒技术已经打破古老的人工酿酒，使用专业酿酒设备，实现机械化生产，使酒的口感越来越细腻、绵长。

酒虽不是生活的必需品，却肩负了很多商业价值、文化价值等社会功能。从商业价值这一维度来分析，酒属于奢侈品，虽然造酒的成本并不高，但是因其背后的文化属性、品牌效应，使得它种类繁多，甚至价格不菲。按照商品类型来分可以将酒分为白酒、黄酒、啤酒、果酒、药酒以及仿洋酒。关于白酒的起源、传说可以追溯到东汉、南北朝、唐代、宋代和元代。其中东汉时期的说法主要依据东汉青铜器、画像砖雕中的蒸馏器等出土文物；南北朝时期主要依据的是文献记载，如《齐民要术》《神仙传》中关于蒸馏酒的文字记载；到唐朝时期也是根据文献记载，如《唐国史补》、白居易的《荔枝楼对酒》等关于蒸馏酒的文字记载；而宋朝时期也有相应的文献依据，如“水晶红白烧酒”“宋代的剑南烧春”；再到元朝时期，相关文献中也记载了关于烧酒的说法，如李时珍的《本草纲目》，里面记载的“烧酒非古法也，自元时始创其法”等。

白酒有许多类型，分类方式不同，其中最为普遍的分类依据为香型。因为酿造时所选取的原材料及酿造工艺的迥异，所以白酒的色泽、香气和口感也不同，从而诞生出不同“香型”的白酒。目前的白酒市场上，工艺较为成熟的有酱香型、浓香型、清香型、米香型四大类，而后又衍生出十二种香型。

下面将从原料、口感、发酵设备、发酵时间和制作工艺等多方面对这四大香型逐一进行区分。

第一，酱香型白酒，主要原料为高粱，其酒香有一种类似豆类发酵时的酱香。特点是留香持久；发酵设备为石窖泥底，固态发酵；生产酿造周期长，制造过程比较复杂；贮存期往往达一年以上，价格较高。知名品牌的酱香型白酒有茅台、郎酒。

第二，浓香型白酒，原料包含高粱、大麦、玉米、糯米等多种粮食，其酒香是以乙酸乙酯为主的复合香型，并且乙酸含量较之其他香型的白酒更高。其特点是香气与酱香型比较而言不太持久；使用泥窖固态发酵，且以陈年泥窖为佳；生产周期和贮存期较短，往往只有数月；生产成本较低。浓香型白酒占白酒市场份额的一半以上，知名品牌的浓香型白酒有泸州特曲、五粮液、剑南春等。

第三，清香型白酒，原料有高粱、豌豆、大麦等，其酒香是以乙酸乙酯和乳酸乙酯为主。特点是口味纯净、清淡、绵甜；使用水泥池、小坛或陶瓷地缸固态发酵；发酵周期短；贮存期不到一年。知名品牌的清香型白酒有汾酒、宝丰酒等。

第四，米香型白酒，区别于米酒，前者的酒精浓度达35度以上，远高于后者。米香型白酒的原料是大米，其酒香除了拥有米酿香及小曲香外，以乳酸乙酯和乙酸乙酯为主。其特点是香气比米酒浓烈，饮后微甜；使用小曲香作为发酵剂；固态、半固态发酵；发酵时间较之其他三种白酒类型最短且成本低；米香型酒比较小众，但历史悠久，传说中的杜康酒指的就是米香型白酒。知名品牌的米香型白酒有桂林三花酒、冰峪庄园大米原浆酒、全州湘山酒等。

中国白酒的酿造历史悠久，使其在五六千余年的发展中沉淀了极其深厚的文化内涵，后人称之为酒文化。这种酒文化是以酒为特质载体，以饮酒行为为中心的独特文化形态，也是中国文化史弥足珍贵的组成部分。酒文化的属性有自然属性与社会属性。酒文化的自然属性包括原料、器具、酿造技艺等，并且深受科学技术的影响。酒文化的社会属性包括品酒、酒德、酒风、酒品、酒趣等，这与人们的社会活动相生相息，即饮酒是社会活动的一部分，它在社会活动中对政治、经济、文化、艺术、社会心理、民俗民风等各个领域均

产生了具体影响[①]。而且，酒文化的自然属性与社会属性是相互影响的。

在古代，酒的用途表现在政治上，被统治者广泛用于祭祀活动，酒是祭祀活动中重要的一部分，主要奉献给天地、神明和祖先享用。在战争中，出征的勇士都要以酒来激励斗志、释放豪情。由此可知，酒与国之大事息息相关。此后，饮酒的礼节便催生了酒器的发展。随着技术的不断发展，酒器日益精细化。如不同形态的酒器造型、材质工艺、图形纹样代表了不同的贵族阶级，是一种身份的象征。在现代，不少白酒商家为了丰富品牌内蕴，着眼于品牌的长期发展，均将历史文化作为品牌的核心与卖点。

在文化艺术上，酒浸透于诗词歌赋、琴棋书画等文化艺术领域，并伴随着中国历史的发展融入不同的地域和民族，记录、传播着不同时代的风情，为后世留下了不少文学、艺术珍品。

包装在《辞海》中的释义有两层，分别是包扎装饰和一切外在形式上的修饰、塑造。

白酒包装是指在尊重酒文化的历史与传承的基础上，对白酒这一商品属性进行的从内而外的包装，集合了保护商品、方便运输、装饰促销三重意义。白酒包装主要分为内在容器包装与外在包装盒体设计，具体而言是对内、外白酒包装的形态、结构、材料、工艺以及图形、色彩等视觉元素进行设计。随着中国酒业的繁荣，人们逐渐认识到酒文化的珍贵价值。人们购买酒由过去单一的以“实用为主”的生理需求转向为欣赏、实用并重，且不断追求美观，获得“精神享受为主”的心理需求。成功的酒包装，一定是文化、创意与工艺的完美结合。随着人类社会化进程的演变，人们因人际交流的需求，对白酒包装的要求日益更新，审美品位也不断提高。许多商家根据市场的发展及时调整，将白酒包装的差异性、独特性、原创性及小批量化、个性化等作为白酒市场发展的主要突破点，对白酒包装赋予了一定的感情色彩，使白酒营造出一种文化氛围，勾出了人们内心深处的情怀，使白酒文化和包装的关系联系得更加紧密。

一方面，白酒包装是酒文化的外在表现形式，集中体现了传统文化与现代设计的特点。白酒包装是弘扬中华酒文化、强化品牌文化形象的重要渠道。

---

① 徐少华．中国酒文化研究 50 年 [J]．酿酒科技，1999（6）：15-18.

生产者通过改变其包装的外形、构造及图形纹样、色彩、文字字体、版式等视觉元素，增加产品的附加值，营造出一种文化氛围。生产企业以此来反映出自身的品牌文化，使得人们通过品牌文化体验到对酒品的欣赏，获得情感的满足与物质需求。

另一方面，酒文化对白酒包装的设计创意有着直接的指导作用。酒文化为白酒包装提供了不可或缺的故事与话题，不仅激发了设计者的创意灵感，还增加了产品中思想文化的蕴含量与产品的附加值，从而实现白酒产品的差异化。将酒文化渗透于白酒包装设计已成为一种引导人们购买行为的手段，这也是今后白酒包装寻求长远发展的必要途径。如今很多商家都在酒文化上下功夫，如剑南春的历史可以追溯到唐朝甚至更早，甚至将广告语定为“唐时宫廷酒，盛世剑南春”。在52度水晶剑的包装中，其酒瓶造型来源于唐代最受欢迎的“莲花”形态（图1-1），而且此造型早在20世纪70年代的外销剑南春中就予以采用，并得到广泛好评。该品牌在后续发展中，一直以莲花造型作为招牌形象，使自己的文化符号不断强化，与此同时还对包装造型进行了调整与优化，以符合不同时代人们的审美需求。白酒品牌除了从年代上下功夫外，还从地域上做文章，如水井坊酒从品牌战略上立足于窖池文化，面向中国高端市场，紧紧抓住有600余年历史的元末明初“水井街酒坊遗址”这一独特历史文化，打出“天下第一坊”的广告语。2001年，52度水井坊井台瓶经典包装荣获“第30届莫比乌斯广告奖包装设计金杯装”（图1-2），其瓶身设计便牢牢抓住井台这一元素，酒瓶底内的凹形结构与井台造型相互结合，并采用内烧画工艺绘制出成都六景；外包装盒上选用了

图1-1　52度水晶剑

图1-2　52度水井坊井台瓶经典包装

家族式狮头钉、木质六边形基座、独特内烧画等元素来突出自身的文化主题，在同质化的白酒包装市场上独具一格，获得了广大消费者的高度认可，除此以外，还在白酒领域掀起了单支礼盒的浪潮。

## 第二节 白酒包装与环境、人、酒的关系

白酒包装在创意过程中，离不开环境、人、产品三大要素。设计人员必须深入挖缺它们之间的联系，使白酒包装设计创新发展。即剖析产品所处的外界环境条件，以人的需求为核心，针对产品的特征及品牌文化特点，构思包装设计和附着其上的设计元素，从而凸显企业美好的整体形象，赢得消费者的青睐。

### 一、白酒包装与环境的关系

这里的“环境”分为宏观环境与微观环境。白酒包装的宏观环境包含了政治环境、经济环境、社会环境和技术环境四个方面，它代表了白酒包装发展的时代背景。纵观历史，白酒包装经历了一个从无到有、由简到繁、化繁为简的过程。从古人的简易粗陶酒器到现代的精美工艺酒瓶，虽然每个时期的设计风格都略显不同，但都是受国家经济发展水平、社会组织结构变化及新材料、新工艺等因素的影响。本书将从宏观环境的特征出发，把白酒包装的发展分为手工业时期、工业时期、信息化时期三个阶段。

在宏观环境内的政策环境中，与酒产业和包装行业相关的政策都影响着白酒包装设计的发展。从史料文献和出土的酒器中可知，夏、商时期，统治者的饮酒风气十分盛行，西周时统治者发布了禁酒令《酒诰》，告知天下“无彝酒，执群饮，戒缅酒”，说明酒器的发展明显停滞。而现代白酒的发展与政策息息相关。如 2005 年，为淘汰落后的白酒产能，督促白酒行业升级，国家发改委在《产业结构调整指导目录（2005 年本）》中将白酒生产线等列入限制发展类行业；2011 年版的《产业结构调整指导目录》中，继续限制白酒和酒精生产线；2019 年 11 月发布《产业结构调整指导目录（2019 年本）》，废止了 2011 年版，“鼓励类”目录将“湿态酒精槽（WDGS）的应用、生物质

液体有机肥的应用”纳入其中；同年4月发布了《产业结构调整指导目录》，虽然将酒精生产线和白酒生产线继续列为限制类目录，但对白酒生产线提出了“白酒优势产区除外”的条件，这意味着白酒产业将不再是国家限制类产业。

在规范政府人员饮酒方面也做了相关规定。2012年12月，党中央及相关部门先后出台了多项政策，如中共中央政治局颁发的《改进工作作风、密切联系群众的八项规定》（以下简称《八项规定》），明确指出要简化接待、不安排宴请；中央军委发布的《中央军委加强自身作风建设十项规定》（以下简称《十项规定》）明确指出：不安排宴请，不喝酒，不上高档菜肴；浙江省委为贯彻《八项规定》提出了“六个禁令”，而后被中央认可并更名为《六项禁令》，明确指出严格限制“三公消费”，高档白酒的消费受限，此时的白酒行业进入调整期。2017年12月，中央纪委推出16款以“八项规定”为主题的表情包，为纪念《八项规定》贯彻落实5周年，同月月底，最高人民检察院下发了修改后的《最高人民检察院禁酒令》，并发出通知要求各级检察机关人员在公务活动中严禁饮酒。

在印刷领域，印刷相关的政策也从诸方面影响着白酒包装的发展。自2000年以后，我国开始重视绿色包装，出台了多项政策鼓励使用环保包装材料、限制过度包装、支持包装循环再利用。2001年8月，国务院颁发了《印刷业管理条例》，（《以下简称“条例”》）对包装装潢印刷品和其他印刷品的印刷经营范围进行了规范。于2016年、2017年两次对《条例》进行了修订，而且在2017年简化了印刷行业的行政流程，促使印刷行业稳定发展。2017年国家新闻出版广电总局发布了《印刷业“十三五”时期发展规划》，指出了“十三五”期间，印刷业绿色化、数字化、智能化、融合化的发展目标。

在包装领域，我国也发布了相关政策。2008年9月，国家标准化管理委员会发布了《限制商品过度包装要求——食品和化妆品》的国家标准，不仅对“过度包装”给出了明确定义，还倡导包装设计应科学、合理，在满足正常包装功能的需求下进行，包装材料、结构和成本应与内装物的质量和规格相适应，有效利用资源，减少包装材料的用量。[①]2009年4月，正式实施的《限制商品过度包装要求——食品和化妆品》标准明确规定，酒的包装空隙率不

① 崔琦．中国饮料酒包装容器造型研究［D］．西安理工大学，2009（3）：17.

得超过 60%、包装层数不得超过 3 层、除初始包装之外的所有包装成本的总和不得超过商品销售价格的 20%。2017 年，国家发改委发布了《循环发展引领行动》，鼓励企业对包装箱及总包袋循环利用，限制商品过度包装。2019 年 5 月，国家市场监督管理总局发布《绿色包装评价方法与准则》，厘清了绿色包装的新标准。

经济水平的快速发展、经济政策的改革和消费者购买能力的改变也对白酒产业造成了较大影响。其中税收政策的改变对白酒产业的影响巨大，如 2001 年，国家税务总局规定白酒企业的广告费用不得高于销售额的 2%，且超过的部分不得在税前扣除，并实行白酒从价格和量上相结合的计税方法。此时，许多大型国有企业的白酒盈利明显下滑，中低档酒品利润不足，于是以水井坊为代表的不少商家纷纷将目标投向高端白酒市场，并十分重视高端白酒的包装设计。2005 年，国家税务总局出台了《白酒消费税最低计税价格核定管理办法》（以下简称《管理办法》，并在 2006 年对《管理办法》进行调整；2009 年，开始落实《国家税务总局关于加强白酒消费税征收管理的通知》（国税函〔2009〕），并设定了最低计税价格；2015 年，出台《国务院关于取消非行政许可审批事项的决定》（国发〔2015〕27 号），旨在简政放权，提高工作效率；2019 年 12 月，财政部发布了《中华人民共和国消费税法》，延续了 2006 年消费税的基本框架制度，规定白酒消费税率、征收环节不变，这为白酒产业的发展提供了有利的政策经济条件，促使白酒行业优胜劣汰、整体稳定健康发展。

纵观历史，每一次白酒行业的大规模演进都伴随着经济快速增长的背景。2003—2012 年，我国 GDP 年复合增长率超过 10%，在宏观经济快速增长的带动下，白酒行业进入了快速发展时期，中高档白酒的市场销量显著提高，各大白酒企业纷纷采用双品牌策略，使白酒企业的销售收入及利润总额获得了快速增长。

社会主流价值观的变化、消费者文化教育程度的提高、地域文化及风俗习惯等社会因素也从某种程度上对白酒包装提出了要求。随着人们文化水平的提高，审美水平也随之提高。以保护产品、便于携带的包装设计理念已不能满足大众要求。而从白酒包装的文化内涵、视觉美感出发，才是企业长期发展的立足点。因此，白酒包装也应顺应时代的要求而发展，规范设计的同时加入民族元素增强辨识感，不断进步，融入时代特征。例如，甘肃武威酒业集团生产的名品美酒“武酒坛藏8年”（图1-3），由于该酒品定位于地方酒，其包装设计则遵循了甘肃特有的地域文化（彩陶文化），包装盒的图形纹饰以当地出土的西夏陶瓶为设计元素，书法体“武”字亦字亦图，在凹凸印刷的瓶形剪影和几何图形的衬托下显得格外醒目；酒瓶的形态和材质也均以出土文物作为原型，并将图形简化为符合当下审美主流的正负形，朴质而现代。

图1-3　武酒坛藏8年

“西凤酒”作为中国四大名酒之一，在2012年推出了国花瓷西凤酒（图1-4），采用彩瓷外包装，灿烂绚丽、热情奔放，极具盛唐色彩的典雅与高贵。同时在包装、瓶身注入新的概念和设计亮点，选用了手绘彩瓷，显得更为尊贵，彰显了浓厚的文化底蕴和民族色彩，具有较高的收藏价值。

图 1-4 国花瓷西凤酒

科技因素对白酒外部包装的设计影响很大。随着科学技术的发展，新工艺、新材料不断涌现，都对白酒包装产生了重大影响。一方面，新工艺使包装的印刷工艺更加精美，给人们的视觉带来了多感官体验，例如，五粮液酒采用的 3D 光栅技术，借助材料本身的特性，对其表面进行立体、动态的图形纹样设计，赋予了酒品现代感和时尚感。另一方面，促进了白酒防伪功能的发展，如汾酒将纳米湿敏技术运用到了防伪标签上，当防伪标签遇水后就能显现出隐形的内容来。而新材料的出现则降低了对社会资源的浪费，支持了环保事业的发展。

白酒包装的微观环境包括销售环境与饮酒环境。从白酒销售的环境来讲，酒的外包装格外重要，尤其是包装中的色彩、图形都是区分同类产品，引起消费者注意的首要因素。目前，实体门店（超市、烟酒专卖店、酒店）以及网络商城（自身官网、小程序及第三方电子商务平台）等销售终端是白酒企业的必争之地。酒包装要想增强其展示效果，从同类产品中脱颖而出，厂商就必须加强外包装的品牌文化气氛，多角度、多渠道、全方位地增强展示效果，在不同的销售环境下采取不同的展示方法。在大众消费的超市，白酒产品一般都会分类摆放，通过差异化的陈列布局来吸引消费者的眼球，当同类商品的不同品牌放置在一起时，消费者会有目的性地通过外包装的形象对其进行选择，这里的形象包括了白酒的品牌、档次、价格区间和视觉形象。在电子商务类的网站中，会根据白酒的市场定位、视觉风格来为其设计 banner（广告标语），其中酒包装的气质神韵就充当了一个十分重要的角色。各具特色的包装、浓厚的文化色彩以及强烈的企业风格，迅速抓住了消费者的目光，完成促销目的。如专注于酒行业的电子商务类 APP——酒仙网，首页中的一条白酒国台活动促销 banner（图 1-5），就直接将“国台·品鉴”呈现在大众视野下，金色的包装、圆柱瓶形和方形盒形、硬朗的材质一览无余，再辅助于广告促销文案与燕子、白墙黛瓦的设计元素渲染酒品氛围，带给消费者强大的视觉冲击。

图 1-5 “国台”banner

从饮酒的环境来看，用户会近距离地接触酒包装。因此，酒瓶的造型、材质、视觉元素、印刷工艺都会从视觉、触觉上影响消费者对商品的好感度。如酒容器的造型、材质与手之间的契合度（是否防滑、是否舒适、质感如何），酒包装呈现的整体视觉效果与饮酒环境（灯光、餐具、桌面等元素）的呼应程度，精美耐看的图形纹样和文字编排都将直接决定消费者对酒品牌的印象，间接影响对其品牌的忠诚度。此外，酒包装还可以从人际关系的影响思考设计（尤其是传统礼仪方面）。如在自家和亲人一起享用酒时，包装就不需要烦琐、

贵气，而是要简洁、温馨，突出全家团圆的气氛。因此品牌商家应该把握好这些因素，使用户在饮用酒后，对酒品留下一个饱满完整的印象，以此刺激下一次的循环消费。

## 二、白酒包装与人的关系

如今，人已经逐渐代替商品成为设计的中心要素，因此，人的体验也渗透到酒包装设计的范畴之中。伯恩德•施密特认为，寻找体验的一个最显著的地方是产品的包装，消费者现在越来越注重包装，对包装的期望值越来越高。①这里的消费者分为两类，一类是酒产品的购买者，购买者的购买动机与白酒的包装设计关系密切；一类是酒产品的使用者，主要为饮酒者。无论是以上哪一类人群，包装设计者都应当对目标人群的文化教育程度、社会地位及心理特征进行充分调研，然后使目标受众感受到产品包装所散发出来的人文关怀和独特情感。概括而言，可以从感觉、交互及情感三方面去践行酒包装的用户体验。

人的感觉过程必须是享受的。通过感官中的视觉、触觉、听觉、嗅觉和味觉来刺激用户，使他们对产品的包装产生兴趣，从而激发顾客的购买欲，依此建立良好的产品第一印象。

首先，对于白酒包装而言，视觉与触觉上的感官刺激运用比较广泛。从视觉上看，商品包装的色彩、内外包装造型、材质等视觉元素都会令用户产生产品属性、主题和品牌档次等特征印象，视觉元素经过有规律的创意重组后，吸引了人们的注意，并产生了美的感受；从触觉上看，这是人们渴求与自然相融合的心理而产生的体验设计的一种表现，它通过接触产品的材质、肌理，获得真切的触感，增加其真实感、细腻感。其次，从听觉、嗅觉和味觉上看，虽然三者带给人的感觉是独特的，但由于比较难以直接运用到包装中，所以可以综合环境、酒品本身来进行设计。

白酒包装能否给用户提供高效舒适的交互过程成为现代产品设计的核心要素。由于白酒包装的交互性贯穿于整个产品的使用过程，愉悦的用户体验

---

① ［美］伯恩德•施密特．体验式营销 [M]．北京：中国三峡出版社，2000（8）：79.

是包装设计的重要因素之一，使用者的体验感能直观反映产品包装设计是否合理，因此包装体验的环节是评价包装互动效果的最直接手段。而优秀的包装交互设计要做到人性化就必须从人的行为习惯、生理结构、心理情况、思维方式等角度出发，在保证产品基本功能和性能的基础上，使人的心理、生理需要和精神追求都得到尊重和满足，体现人文关怀及对人性的尊重的一种设计理念。[①]简而言之，就是用户是否可以简单、独立地完成打开、使用包装的这一行为过程，甚至是在此过程中体验出可操作性、高效性和愉悦性。预设功能提供给用户的是产品的操作线索，促使用户依据心理经验的线索来使用产品，从而建立人与物之间的交互和体验关系。相反，不合适、不人性化的包装结构就会令人产生疑惑与反感，对商品与人之间的进一步沟通产生影响。关注消费者不同的心理需求和生理需求是交互人性化的关键所在，也是大多数产品赢得消费者青睐的重要缘故。

白酒包装中的情感体验是用户在参与酒包装使用过程中的高层次需求。当下，设计俨然已经成为一座连接科学技术与人文文化的桥梁，需要依靠情感和文化意蕴的表达来铸造优秀的设计作品。设计与情感的交流往往能唤起消费者潜在的购买意识，这是一种心理得到理解和尊重的感受。当我们看到一件产品时，视觉背后的情感体验才是真正的设计灵魂。那么，设计灵魂所指的就是包装给我们带来的愉悦心情，如设计感、故事感和意义感等。换言之，在设计包装时，需要通过包装的图形符号、广告文字、色彩、造型、材料等元素来传播文化的韵味。面对不同层次的消费者，产品需要把握个性鲜明、新颖有趣的特征，还需将大众审美、历史文化等无形因素都附着到包装之上和渗透到环境之中。在产品设计及包装设计中，若要设计能促使消费者达到甚至超越预期意境、状态的内驱力更为强大，必须使大家在情感上产生共鸣，这也是体验走向高级境界的基础之一。[②]

## 三、白酒包装与酒的关系

白酒包装从属于酒，而酒又依存于包装的保护、销售与宣传，二者相互

① 王文琴．伦理关怀产品人性化设计解读 [J]．滁州学院学报，2010（8）：18-20.

② 余兰亭．传统文化在白酒包装中的体验设计研究 [D]．重庆大学，2012（4）：23.

依存、相互促进。如今伴随着商家之间的竞争愈演愈烈，酒品也在向特色化、功能化和细分化的方向发展。商家的营销策略纷纷转向酒品，白酒包装作为营销策略中的实体广告部分，其设计风格受品牌策略及酒品的影响，而商品酒的品牌策略往往也在酒品的包装中得以体现。

首先，每个酒品牌都要有它的品牌调性，这种品牌调性就是酒包装设计风格的风向标，消费者不用看商标只看外包装就能知道是什么品牌。如同样是销售白酒，同样采用了书法作为设计元素，五粮液的书法与郎酒的书法截然不同："五粮液"三字，多用方笔，有棱角、有力度，显得很硬朗。郎酒的"郎"字，行书端庄气派、雄健豪迈、遒劲有力，透露出一股蓬勃的朝气。再如艺术大师黄永玉设计的"酒鬼"包装，酒瓶采用乡土十足的土陶，外加麻袋包装，充分体现了湘西的民族风情，展现了极具古朴粗犷的湘西文化特色。地域文化的浓重体现，将消费者记忆中的湘西与"酒鬼"重合，品酒的同时感受和欣赏湘西文化，加深印象。酒鬼酒"麻袋瓶"（图 1-6）的设计至今已风行市场近 20 年，期间产品虽根据市场需求推陈出新，并调整了包装，但麻袋瓶的这一设计元素始终没有改变。产品包装的文化属性是产品自身鲜明特色的体现，而非包装材质的奢华。

图 1-6 酒鬼麻袋瓶

其次，白酒包装符合酒品的定位，即包装一方面要与酒所面对的消费群体相对应，另一方面也要与酒品的高中低档和价格相对应。为了迎合更多细分化市场的需求、满足不同目标消费群体，商家纷纷推出不同系列的酒品。如郎酒集团截至2019年12月共推出青花郎、红花郎、老郎酒、郎牌特曲、新郎酒、小郎酒、郎牌和礼盒8个系列。红花郎热情喜庆的红色包装适合婚宴的；青花郎睿智沉稳的蓝色包装适合商务宴请；而小郎酒只有100ml，外形小巧时尚，瓶盖方便直饮。在白酒包装与酒品的价格对应方面，商家既不能停留在“酒香不怕巷子深”而轻视包装的观念上，让包装拉低了酒品的档次，也不能夸大其词忽略酒的品质，过度包装。如今，前者的状况很少见，而过度包装的问题却始终存在，其主要原因还是商家急功近利，体现出品牌营销中的短视行为和浮躁心理。他们借用消费者的直观心理，通过产品的外在包装来区分档次，故意制造华而不实的豪华酒包装，提高成本且最终让消费者买单，这对品牌酒的可持续发展十分不利。

最后，白酒包装要实现对酒品的联想。很多商家认为酒文化要以传统为重，但长此以往，包装也就失去了应有的活力，自然无法凸显酒品的个性。此时商家可以通过跨界思维的方式，来重新审视白酒包装与酒品之间的联系，从功能和外观上找到突破口，尝试在功能领域、色彩领域、造型领域或建筑领域跨界，以此产生丰富的联想，进而给目标受众留下深刻而美好的印象。如洋河酒厂旗下的“梦之蓝”系列白酒就采用了色彩跨界，避开了市场上千篇一律的红色、黄色搭配，采用了蓝色作为品牌产品的主色。其产品“梦之蓝”的蓝色便赋予了品牌第二生命意义。在一片红色、黄色的酒包装中，蓝色显得高贵、端庄，给人以无限遐想。蓝色象征天空之蓝，也象征海洋之蓝，“梦之蓝”本身这种深邃独特的蓝色属性特征，既豁达又略带神秘的色调，使人产生梦想成真的联想。

## 第三节　白酒包装与其设计之美

设计美学包括功能之美、科学之美与技术之美三大板块。这里的功能美不仅指功能实用，也包括作为产品存在的形式；科学美主要是指科技创新与

艺术间的融合之美；技术美界于自然美与艺术美之间，它通过工艺材料、形式和功能三方面表现出来①。白酒包装设计是对白酒这一商品类别进行的集功能与审美于一身的专门设计，它既非单纯的产品，也非单纯的艺术品，因此它要遵循设计美学的三大要素，将其分为功能美、科学美和技术美。

白酒包装的功能美是以实用功能为基础的审美。包装功能美的核心是保护白酒易燃、易挥发的商品属性，并保证在运输、销售的过程中不受损伤，这也是包装设计的出发点。功能美与包装的材质、结构及视觉元素等关系密切。白酒包装的功能美涵盖了两层含义：一是包装的选择要实用，这与白酒本身的市场定位、酒品类型等特性紧密联系。二是材料、造型及视觉要素等本身要符合形式美感，一方面包装设计必须追求形态美，让人从感官上得到身心愉悦的体验；另一方面材质、造型、视觉要素等其自身文化象征要美，白酒包装要借用这些要素背后的文化内涵让白酒内外兼修，形式服从于功能，使得受众能够感知一个时代、一个品牌、一类酒品的特有文化美感。例如五粮液集团，最初受酒瓶生产工艺的限制，采用陶罐容器。后续对外需求加大，为保证产品的运输，解决漏酒等麻烦，从日本进口有色玻璃材质制造酒瓶。为保持酒的醇香，瓶口缩小化。随着工业革命的发展，生产技术不断革新。产品包装，尤其是封口技术有了重大突破，采用铝盖和塑料盖封口技术，同时加上喷码技术，区别假冒伪劣产品。后期的发展更注重美感设计，追求个性化生产。为了满足消费者的需求，产品包装在视觉体验上有了极大改观，不再采用原来单一的“萝卜瓶”式。2000 年后陆续推出生肖纪念酒瓶，颇具收藏意义。2017 年以鸡为形态推出的“五粮液·丁酉鸡年纪念酒”（图 1-7），中国红的瓶身上釉光浮动，陶瓷质地细腻典雅。浓烈大气的色彩，极具喜庆和庄重之意，红瓷与中国传统韵味一脉相承，品牌形象一目了然。

---

① 李砚祖．论设计美学中的“三美”[J]．黄河科技大学学报，2003（1）：60-67.

图 1-7　五粮液 · 丁酉鸡年纪念酒

科学技术的发展促使酒包装从手工化到机械化，再从机械化到智能化发展。从科学技术渗透到酒包装的这一范围看，可以将科学美分为生物科学之美、机械科学之美和信息科学之美三个方面。

生物科学之美主要指包装材料上的创新，通过运用新型包装材料，并借助材料与材料之间的化学反应来改善和增加包装的功能。将先进的技术融入已有材料，满足、优化白酒包装需要防潮、防挥发、防撞击、防漏的基础功能。如将纳米材料运用到白酒包装上，使其具备防漏、不跑香、防霉等特点；[①]而将纸浆模塑工艺运用到白酒的外包装中，具有绿色环保、有效固定内装产品、避免撞击产品等功能。如 2013 年美国推出的首款纸质包装葡萄酒瓶“PaperBoy”，就是由回收纸压缩而成，该酒瓶重量很轻，质感坚硬，抗破裂、防腐效果佳，容量可达 750ml，而且绿色环保，使用完后能折叠回收，并易于被分解。而在中国白酒的包装中，新材料的创新也比比皆是。如仿陶、仿瓷玻璃材质就是科学在酒包装美学上的一个重大创新，其内为玻璃材料，外表为陶瓷材料，完全克服了陶瓷酒瓶的渗漏问题。它凭借优于陶瓷的热膨胀系数可调性，以及耐磨耐腐蚀等基本属性，现在被广泛运用在白酒包装中。

① 何漾等 . 饮料酒包装材料安全研究现状 [J]. 食品安全质量检测学报，2018 (10) 83-85.

如五粮液酒厂出品的 52 度高端酒 1618（图 1-8）的酒瓶就采用了仿瓷玻璃材质，温润如玉的瓷质，红白两色的搭配，表现出一种古典与时尚的结合。

图 1-8　52 度高端酒 1618

信息科学之美的主要体现是在包装材料中注入了酒品的基本信息，如仓储、生产、运输、销售过程中的基本信息。现在市场上流行的油墨防伪、RFID（电子标签）防伪、光学防伪、数码防伪等技术出现在白酒包装上，为酒品起到了“识别”和“判断”的作用。有的白酒外包装就利用特种纸张辅以其防伪技术，代替现有市场上铆钉、锁扣、拉环、撕烂等破坏性结构，大幅度减少了包装材料用量及人工成本，实现其外包装的防伪指标，降低和遏制回收再利用的假冒伪劣酒。例如，五粮液酒很早就利用 RFID 防伪标签，它既能帮助工作人员清点商品库存和商品流通，还能帮助消费者辨别产品真伪，但需要消费者将酒带到五粮液的防伪箱式查询机上去查询其生产日期、酒品名称、酒精度等信息数据，现在消费者可以使用带 NFC（近距离无线通讯技术）功能的智能手机，并下载“五粮液防伪 APP”，将手机靠近瓶盖顶部即可即时查询真伪。

机械科学之美是指借助压力、弹力、机械设计等物理学原理，采用增加或者改进某些部分的包装结构，来优化酒包装的安全性、便利性及环保性等。科学的包装结构可以减少加工生产的工序，有利于降低包装材料的消耗量，提高材料的利用率，为相关的材料组合运用提供新的参考模式。如一体化的酒盒包装设计结构打破了传统酒盒包装的设计结构，成型不再使用粘接工艺，而是依靠自带卡口一体成型。而一版成型结构，几个面都是完整地连接在一起的，因此打开后可以完全展开、铺平，大大降低了包装的体积，从而大大节省了运输空间，降低了运输成本。

技术美追求技术与审美一体化。技术美常与科学美相提并论，是因为二者关系非常紧密，科学美是技术美的基础，技术美是科学美的表现。它既是技术上的完善，又是外形上的美化。一方面，不断涌入市场的新材料，给包装技术提出了新要求，也提供了新灵感、注入了新理念，技术美是时代的需求，通过优化印刷前、印刷后的技术，提高运输过程的效率，实现节能环保回收再利用；另一方面，技术美又是丰富视觉感官的体验，结合包装材质，提高包装的艺术感和最终的展示效果。采用LED灯、荧光油墨等新型智能包装材料，通过光与产品本体或包装材料的巧妙结合，产生多种不同的艺术效果，打破传统包装只能以静态视觉图像来展现商品的表现形式，摆脱单调的工艺包装形式，将多种工艺和技术结合运用在特殊的展示环境下。[①]比如荣获“2018全球食品饮料包装设计大奖”的“寻密十八岁杨梅酒”包装（图1-9），酒瓶采用了磨砂玻璃，诱人的红色杨梅酒透着磨砂玻璃散发出一股朦胧的美感。瓶标上细腻的印刷工艺彰显了酒品本身的独特气质。该酒的外包装使用了防摔材料，保证了邮递运输过程的安全。再如2019年Pentawards（全球包装设计大奖赛）获奖作品琪美银杏白酒包装（图1-10），它的产品是由广西桂林古银杏树每年所结的银杏果酿制而成。产品包装瓶头采用银杏叶的形态，色彩上选用与之相近的琥珀色，使消费者直观地了解酒原料的属性。同时加入银杏树纹路，淳朴婉约的气质油然而生。搭配白瓷瓶身，形成了一种极具东方美学的繁简对比。

---

① 任莹莹．酒包装附加值设计方法与原则探析．美术大观[J]，2015(05)：134-135.

图 1-9 “寻密十八岁杨梅酒”包装

图 1-10 琪美银杏白酒包装

# 第二章 古代手工业时期的白酒包装（新石器时代——18世纪中期）

## 第一节 饮酒习俗与白酒包装的萌芽发展

### 一、古代酒包装的演变

古代史前，人类的食物和饮水需要容器盛装，以便转移、分发和食用，这就形成了包装萌芽的动因。然而由于远古时期生产力十分落后，包装采用的都是自然材料，如树叶、藤、枝条等植物，或是捡拾的果壳等自然材料来包裹食物，虽然这时的包装称不上严格意义上的包装，但为后续包装的发展奠定了基础。而后酒的出现，让具有存放、饮用、搬运等功能的酒器成了一大需求，酒器最初的包装并非盛装酒的专属器具，而是兼具碗、杯等其他功能通用的容器，酒器材料采用的则是像贝壳、葫芦、动物的犄角等最原始的自然之物。中国人向来讲究美食美器，饮酒之时更是讲究酒器的精美。古代的酒器是酒包装的萌芽阶段，而后受印刷、造纸、各类材质容器制造等机械化技术的影响，从包装的简易雏形进入了传统包装，最后为现代包装奠定了扎实的基础。本章介绍了手工业时期的白酒包装，即新石器时代到18世纪中期第一次工业革命开始。同时，这一时期的白酒包装也是受着环境、人类文明和酒本身的发展因素所影响。

立足于环境这一维度来审视古代酒包装，酒器在宏观的时代环境中，经历了原始社会、奴隶社会、封建社会的时代变迁，生产工具由旧石器到新石器，进一步发展到铜器、铁器，手工业从农业中分离出来，出现了原始农业、手工业，而此时酒包装的主要作用是保护产品。此时的社会形态呈现出宗教及统治者的设计风格特征。阶级分化致使酒器呈现出等级森严的态势。此外，由于交通发展滞后，中国各个地域和民族鉴于自然、人文环境的不同，各个地方形成了具有自身文化特征的民族个性。中国政权阶级也从酒价、酒税、产销方式、

用途及主管机关等多个方面制定了相关政策，以保证国民不过度饮酒，酒业在不耽误国是的前提下稳健发展。当进入了手工业时期，人类能使用简单工具，依靠手工劳动，从事小规模生产工业。从人工材料陶器的诞生到青铜器、漆器、金银铜器、瓷器等的出现促使包装容器的结构和类型不断增多。从微观的包装环境上来看，在手工业中，如矿冶业、制瓷业、造纸业、印刷业和金属加工工业等的快速发展对包装技术的影响最为明显。如透明、遮光、密封、防潮、防腐等包装技术的突破，优化了酒的封启、携带、搬运、陈列等功能；而且酒器在造型设计上，也已掌握了对称、均衡、统一、变化等形式规律；在制作工艺上，已经出现了镂空、镶嵌、堆雕、染色、涂漆等装饰工艺，制成了极具民族风格的多彩多姿的包装容器，在探索实用功能与审美价值相融合的道路上迈出了一大步。

酒文化的社会属性决定了酒与人们的生活习俗息息相关，立足于人的角度来讲，推动白酒包装蓬勃发展的因素可以从三个方面来分析，即人的身份地位、饮酒习俗及人们对于白酒包装在意识上的变革。古代人分宫廷和平民两大类，因此，为了迎合参加祭祀或宴会活动中不同身份等级要配给不同酒器的需求，从而出现了形态各异的酒品及酒器。从绘画、雕塑等丰富的艺术作品中可以看出，中国白酒与古人的生活十分密切，从统治阶级的“天子”到诸侯百家，从文人墨客到平民百姓，各个民族、各个阶级、各个朝代都与酒结过不解之缘。如在已出土的甲骨文中就能看到商朝时期人们已经在用粮食酿酒。同时，中国自古以来讲究“礼以酒成”，酒与行礼已经不可分割。中国各族人民的饮酒习俗世代相传，饮酒习俗包含了祭祀饮酒、节庆日饮酒、宴请饮酒以及平民日常饮酒。酒在国家征伐和祭祀中扮演着重要的角色，尤其是在宫廷的祭祀礼仪活动和一些重要的节庆日，如除夕的“年夜酒”、端午节的“菖蒲酒”等；平日里达官贵人的宴请宾客、民间中的婚丧嫁娶等饮酒习俗，代代相传。白酒包装变革的表现从思维意识上讲：其一，古代白酒包装处于一种原始意识，即包装为了保护产品而设置，而在手工业发展的过程中，市场经济的日益繁荣，也扩大了包装的需求，于是原始意识逐渐转化为一种专门意识，即白酒包装不仅要满足保护酒的功能，还要视觉美观、质感适宜；其二，手工业时期的意识形态由宗教和统治阶级来掌控，因此酒器的审美与设计规范集中掌握在极少数人中；其三，由于人们的语言不同、文字不同，形成了各自区域独有的审美取向；其四，人们对于酒品的品牌意识正在悄然形成。如现在公认的元代汾酒土陶酒坛（图 2-1），其上面的“燕子”图案是中国最早、最美的标志，坛身上的“分”字两边的叶子形似燕子的翅膀，下面的雨滴恰如燕子的尾巴，恰似一只雨中飞翔的燕子，同时也颇似“汾”字，可见当时汾酒已经出现了朦胧的品牌意识。

图 2-1　元代汾酒土陶酒坛

从酒本身来看，酒的起源可能远比我们想象的还要更早。关于酒的源头，在《说文解字》中记载：“酒白谓之醙；醙者，坏饭也。”晋代江统在《酒诰》中指出“有饭不尽，委余空桑，郁积成味，久蓄气芳，本出于此，不由奇方。”[①]空桑树里倒有剩饭、樱米麦饭，混合在一起变酸发酵，到一定程度，恰好就是酒味。在先秦时期，出土了大量的酒器文物，表明酒是商代最常用的祭祀品。商代的酒可能是各家各户自己酿造，说明其酿造业极为发达。到了周代，人们对酒的认识进一步深化，酒的分类意识开始出现。如周人已能根据酒体形态、酒液颜色、酿造时间、酒之用途等划分出不同酒类。秦汉时期酒的种类也日益增多，呈现出以谷物酒为主，配制酒、乳酒、果酒为辅的四大酒品。唐代时期是我国酒类酿造技术最辉煌的发展时期，此时名酒众多，还出现了药酒。宋代有较长的和平时期，市井酒楼盛行，酒品更加丰富。明清以后，烧酒因

① 何满子．中国酒文化 [M]．上海：上海古籍出版社，2001 ( 3 )，13.

其制造便利、酒度较高、保存时间长久，在各地广泛发展。悠久的酿酒历史，为近现代酒业的发展积淀了丰厚的历史养料，积累了详尽的技术经验。

## 二、酒器的分类

纵使酒器经历了多个社会时期的更迭，但其分类却没有较大变化，根据使用功能主要分为盛酒器、温酒器、饮酒器、注酒器、储酒器等。本书中主要研究的对象为盛酒器。

盛酒器是一种盛置并备用酒液的容器。我国古代盛酒酒器，因饮酒人身份的不同，在其造型上颇为讲究，不仅名目繁多，而且样式新颖，具有很高的艺术价值。据不完全统计，从名称来讲，经发掘出土文物证实，盛酒器具类型繁多，从古代《诗经》等文献的记载中能看出当时的酒器主要有：尊、壶、卣、觥、缶、彝等。每一盛酒器的体形，都有自己独特的外貌和引人注目的风采；乃至每一盛酒器的表面，都雕有精美的传统图形纹样，极具艺术价值。

尊为高体的、大型或中型的盛酒容器，也是盛酒器之通称。《诗经·鲁颂·閟宫》有云：“白牡骍刚，牺尊将将。”金文中将尊、彝两字联用，泛称一切酒器。尊彝是祭祀的礼器，是指一组祭器，而不是某种礼器的专名，诸凡酒器、食器，金文中和古文献上都统称为尊彝。尊的形制为敞口，粗颈、深腹、圆底、圈足。周礼中记载“尊”有六种分类方式，所谓“牺尊、象尊、著尊、壶尊、大尊、山尊”。

牺尊的纹饰华丽，背部或头部有尊盖。比较著名的有 1938 年出土于湖南长沙宁乡的四羊方尊（图 2-2），被誉为中国青铜锻造史上最伟大的作品，是中国现存商代青铜器中最大的方尊。四羊方尊器身方形，尊的中部是器的重心所在。尊四角各塑一羊。肩部四角是四个卷角羊头，羊头与羊颈伸出器外，羊身与羊腿附着于尊腹部及圈足上。尊腹即为羊的前胸，羊腿则附于圈足上，承担着尊体的重量。四羊方尊以四羊和四龙相对的造型，既展示了一国之重器的至尊形象，又具有独特的象征意义，反映了当时人们的审美观和对伦理道德、生活情趣等方面的崇尚与追求。羊在古代寓意善良知礼、外柔内刚，保留了对原始图腾的崇拜，又有替代羊作为牺牲献祭神明的意思，它应该是一件由酒器演变而成的礼器，代表着拥有者至高无上的地位。可见古人对“酒

以成礼”的重视程度是极高的。

图 2-2 四羊方尊

壶的使用历史悠久，样式繁多，可兼用盛酒、储酒。造型上大致有圆形、方形、扁圆形、八角形、弧形等，耳多为半环耳或兽首衔环状耳。壶是古代酒器中的大类，它是一种小口、有盖、长颈、圆腹、圈足、贯耳的盛酒器。壶出现于殷商时期，在周时期增多，主要盛行于春秋战国时期。它的形状多样，根据不同形状可以分为圆壶、方壶和扁壶。战国以后，根据形状的不同对壶的命名也有所不同。圆壶名为钟，方壶名为钫，扁壶名为钾。周时壶的形制稍异，有的腹前有鼻，有的无贯耳。春秋壶较于商周壶轻巧，敛口、深腹、圈足，多有盖，提梁，体有圆形、方形、瓠形等多种形态。许多壶盖上端做成莲瓣形，也有一些在壶盖或壶身外表装饰鹤、龙、螭虎等立体动物形象。青铜器中多有有铭文的壶，如“×× 自作宝壶，其万年子子孙孙永宝用”足以证明此物称之为壶。古代酒的品种多，故酒壶器形也各有不同。壶器，由于它优美的造型和实用性，能方便地将所盛酒液通过壶嘴倾入小型酒杯中供人饮用，所以，它常使用在古代的饮酒活动中，并且此时期出现了不少珍贵精美的酒壶，如 1965 年四川成都百花潭战国墓出土的“嵌错攻战宴乐纹铜壶”（图 2-3），其特征以壶肩两耳为左右，壶前后两面图像是对称的设计，圆口、斜肩、鼓腹、圈足、侧附双耳。壶身通体嵌错有丰富多彩的图像，

纤细精美、结构严谨，犹如在器表绘画一般。仅从其水陆征战纹饰中便可看出战国的布兵阵势，写实明细，开创了我国装饰艺术的先河，极具史料价值，造型为长颈、圆腹、腹旁有鋬、平底或圈足。壶颈向一侧倾斜，形状类似瓢瓜。弧形壶主要是春秋战国时期的作品。此壶以壶肩两环耳为标志分为两面，两面的图像对称，以三条带纹分为四层画面。

图 2-3　嵌错攻战宴乐纹铜壶

卣，盛酒、移送酒的器具。《诗经·大雅·江汉》有云："厘尔圭瓒，秬鬯一卣。""秬鬯"就是黑黍和郁金香草酿造的酒，是古代祭祀时用的一种香酒。卣则是专门盛放鬯酒的酒器"秬鬯"，主要盛行于商代和西周。商代多椭圆形或方形的卣，西周多圆形的卣。整体像壶，但有提梁，故俗称提梁卣。卣的形制比较固定，基本形制多为椭圆形、短颈、上面带盖、深鼓腹、下有圈足，少数为直筒形、方形和圆形，还有动物形状的鸟兽卣。商凤纹卣（图 2-4）为商代晚期的青铜器，现收藏于上海博物馆。在与提梁垂直的方向上，两端各有突出的牛形兽首。提梁两侧中段与捉手同一高度的位置有小牛首，提梁纽上则是大型怪兽头，其角形状极为奇特，视觉上看类似树叶甚至火焰。盖上正中捉手呈菌状，并向四周放射出四条宽扉棱。凤纹是该卣的主题纹饰，面积大、形象凸起，腹与盖都饰对凤纹，深腹小口，便于盛取。

图 2-4　商凤纹卣

觥是商代晚期出现的一种高等级的盛酒礼器，兼备饮酒功能，带盖，以铜、木或角质的材料制成。圈足或四足，敞口，长身，口部和底部都呈现为喇叭状，器身多为圆形、椭圆形或长方形，或仿动物体形，头、背为盖，身为腹，四腿做足，盖多做成有角的兽头形或长鼻上卷的象头形，器底多为圈足，也有四足或三足者，有的觥内附有小勺，为觥是盛酒器提供了有力证据。欧阳修的《醉翁亭记》中有这样的描述，“射者中，奕者胜，觥筹交错，坐起而喧哗者，众宾欢也。”“觥筹交错”就形容了酒器和酒筹交互错杂、宴饮尽欢的场景。觥盛行于商代晚期和西周早期，常被用作罚酒，西周早期以后渐渐消失。牛形铜觥（图 2-5），现收藏于湖南省博物馆，商代晚期青铜铸品，是全国目前发现的唯一一件完整的青铜牛觥，由器身和器盖两部分组成。器盖的前半部为牛首，源自南方水牛的形象，后半部上立一虎为盖钮，既是捉手也是一种装饰。牛躯体浑圆、四肢粗壮，全身以云雷纹为地纹，以凤鸟纹、夔龙纹、兽面纹等为主纹，无不透出一种神秘与震慑，具有明显的商晚期中原青铜文化的特点。

图 2-5　牛形铜觥

缶，在《说文解字》中记载："缶，瓦器，所以盛酒浆，秦人鼓之以节歌。"缶原作汲水之用，后也常用来盛酒，造型上大肚小口，形状很像一个小缸或钵。圆腹、有盖，肩上有环耳，可用于结绳提取，也有方形的。用于酒器和盛水器。缶多为陶土烧制的器皿，青铜制品较少。《礼记·礼器》记载："五献之尊，门外缶，门内壶。"缶是放在室外的盛酒器，盛行于春秋战国。古人用作酒器，敲打时就成了乐器。战国羽纹四耳缶（图 2-6），现收藏于北京故宫博物院。缶圆体，直颈，圆肩，大腹，圈足，有四兽首衔环耳。颈、腹部饰羽纹，肩部饰蟠螭纹，腹下部饰垂叶纹，垂叶纹内为兽面纹。

图 2-6　战国羽纹四耳缶

彝是比较大的盛酒器，器身多为方形，平底、有盖。郑玄《周礼·春官宗伯·司尊彝》注："彝亦尊也。"在青铜器铭文中，"彝"一般用作青铜礼器之共名，无论食器、酒器、水器均可称彝，但没有以彝作为器类专名的。

彝的形制相对比较单一，基本形制多为方形或长方形，有屋顶形盖，下为圈足，圈足的每一边中央都留有或大或小的缺口，器体上大多有四条或八条棱脊。前后口沿设有七个槽，盖前沿连铸七处相应的槽口面板。器壁微鼓而下敛，下承长方圈足，每面皆有缺口。目前所发现的方彝多为单个，国宝偶方彝更为独特，看上去就像两件方彝连成一体，结合而成，郭沫若先生见到它时非常高兴，将其命名为“偶方彝”。1976 年，安阳市殷墟妇好墓出土的妇好青铜偶方彝（图 2-7），其口呈长方形，稍内敛，体腔中空，长方形的底部同其他方彝一样也是长方形圆足，并且有一处独特设计，在它两侧边缘的口沿各有七个槽，而且这些槽是专为放置盛酒的斗而设立的，可谓独具匠心。偶方彝的纹饰也十分独特精美，在其两侧的附耳上铸有象头，象头大耳长鼻，口下中部铸有立体兽头，两侧饰有鸟纹，腹部饰有饕餮纹，展现了偶方彝的气势磅礴与威武雄壮。

图 2-7　殷墟妇好偶方彝

在中国古代，人们喜欢喝温酒。温酒不伤脾胃，能够起到保健作用。同时，经过温热的酒，喝起来更加绵甜可口，可以让人体会到“温酒浇枯肠，戢戢生小诗”的意境。此外，温酒还有加热灭菌的功能。因为常常要温酒，便有了专门用来温酒的器皿——温酒器，在饮用前将酒进行加温，配以杓，便于取酒。温酒器有时也称为樽，李白的诗词“人生得意须尽欢，莫使金樽空对月”中提到的樽就是温酒器。温酒器主要有爵、角、翠、益、鬐、蹲、单、挡、炉、注子、注经等。晋人左思的《魏都赋》中有“冻体流澌，温酎跃波”

之句，也明确说到了温酒。自青铜酒器始，在酒具文化中即有温酒器，材质有铜、铁、锡、陶瓷之类等。有炉杯配套、碗壶配套、套杯相配等，以热水微火温之。如二里头文化遗址出土的一些夏代的铜斝，底部均有烟炱痕，内部有白色水锈，说明早在先秦时期就已经盛行用火来温酒。唐宋以后风行套壶、套杯，以外套与壶相配，在外套容器中注入热水来烫酒。如唐代盛世时期典型的银鎏金的温酒器（图 2-8），装饰满工鎏金，很华美，属于组合作品，器形较大，器身为扁圆瓜棱形，等分十二瓣，下承三瑞兽足，带圆环与三足相连，加固底足。温酒器两侧带双耳，承托盘，似为灯盘，其内鎏金饰金花。温酒器内带隔断，含有五个圆孔，每一孔内刚好放置一带盖酒杯。日常使用时，可以注入热水温酒。温酒器带盖，与器身相套，正好严丝合缝，组合成套，方便使用，科学合理。宋代人喜欢将酒温热后饮用，故而注子和注碗的配套组合最为常见。

图 2-8 唐代银鎏金的温酒器

饮酒器是指饮酒专用的器具，不仅品种繁多而且使用范围很广，只要有酒宴，自然少不了衡量宾客饮酒数量的饮酒器具。古代文献中记载的饮酒器主要有：觚、觯、角、爵、杯、舟等。不同身份的人使用不同的饮酒器，如《礼记·礼器》记载，“宗庙之祭，尊者举觯，卑者举角”。当然也有不少器物是一物多用，如爵既是饮酒之具，也可用于温酒；献用于盛酒也用于饮酒，多用于盛酒。盉、斝、斚、注子等酒器，不仅可以温酒，也可以作为斟灌器使用，这类饮酒器有的也兼有煮酒、温酒的功能。因此，有的是三只足，以便于放在火上加温。例如，收藏于洛阳博物馆的天下第一爵——夏代乳钉纹青铜爵，虽然其主要功能是礼器，并非日常使用的饮酒器，但它长流尖尾有倒酒的流槽，束腰平底便于拿握，细长的三锥足造型便于用火加温，这些都足以证明爵作为酒杯饮酒的功能。

以上这几类容器不单单是盛酒、温酒、饮酒的器皿，实际上也是精美的艺术装饰品。这些器皿不仅有盛酒之用，而且可用于装潢和欣赏。不仅显示了物主的高雅风貌，而且也彰显了帝王贵族阶级的财富。但是，随着社会的发展，到了近现代，由于酿酒业的发达、用酒数量的增长，这种器皿已经满足不了社会的需求。于是，盛酒器朝向了容量大的桶和使用方便的酒瓶发展并逐渐被取代，成为历史文物进驻博物馆。

## 第二节　种类繁多的白酒包装造型及结构

古代酒器在酒文化的发展中，受白酒物理因素与人们心理因素的影响衍生出功能不同、外部轮廓和内部结构迥异的酒器。其中物理因素是指酒器对白酒的保护、储运等物理功能。具体而言就是为减少酒的挥发，采用了稳定性好的材质、密封性好的技术（后文将会从材质、技术方面详细论述），尤其在盛酒器的造型上呈“小口大肚平足”“对称稳定”，结构上“密不透风”“易提携”等实用特点。

在造型方面，酒容器自上而下可以分为头、口、颈、肩、腹、足部。“小口大肚平足”是指盛酒器造型上口径小、腹部大、平底足，一则为储存大量白酒留下足够空间，二则是小口能保持酒的芳香，便于酒的存放和斟取，朴素而实用。此外，受酒精纯度与材质工艺的影响，酒器口部逐渐缩小。商周时期酒器口径较大，主要有尊、彝、壶、卣等口径较大的青铜酒器，而东汉后出现了酒精度数增高的蒸馏酒，酒液更容易挥发，对酒液的储存提出了更高的要求，于是口径逐渐缩小，出现了盘口壶、鸡首壶等酒器。唐朝则出现了口径更小的注子，“小口”再加上细长的“长颈”造型，使保存酒香的功

能加倍。平底足保证酒器底部与桌面的接触面积够大，才能保证酒瓶的稳当。“对称稳定”的造型是指造型要保证它的稳定和安全，因此中国古代陶瓷盛酒器的造型多为同心圆式的中轴线框架格局，或是左右对称的形式制作，确保中轴线能上下贯穿于整个器型，像尊、壶、瓯、瓶等诸多陶瓷盛酒器的造型，都是以同心、中轴为基础的圆形和方形器。此外，使酒器的下变、外鼓、压低重心的造型也是确保陶瓷盛酒器稳定的另一要素①。

在结构方面，“密不透风”是为了确保酒在酿成后的芳香能长期保存的基础要求。除了上文中提到的盛酒器造型中的“小口”外，结构上“封盖”设计是在“密不透风”原则上的又一创新。《释名·释言语》中提到，“盖，加也，加物上也”。盛酒酒器与盖的配合，使酒器本身形成一个密封空间，从无盖到有盖，再从简单器盖到复合盖、合式盖和盘式盖等，它既能减轻白酒的挥发以及酒香的流失，还能在一定程度上保证白酒不受外界的污染，从而达到十年、甚至上百年陈酿酒的目的。“易提携”的功能需求促使盛酒器在其酒器本身上增添了系钮、提梁和执把等结构造型，丰富了酒器的形态，改变了以往双手捧壶、提壶的习惯。系钮含有两系、三系、四系等多种造型，它是通过在酒容器外部穿绳提携来达到自由移动、背负酒器的目的，从而让盛酒器的使用更为便利。提梁的造型一般设计在酒器的肩部，为两侧对称。执把结构往往从器皿的肩部伸出，扣于器皿的口沿处，呈曲柄状。酒肆层出不穷，人们对酒器功能的要求逐渐增多，使得带有提梁的盛酒器向斟酒器过渡，身兼数职的它，在盛酒的同时也带有斟酒器的功能特点。

心理因素是指酒器在作为祭祀时的礼器，其形态具有慑服的心理功能，而在宴请宾客时，造型能体现阶级身份，兼备审美与文化交流的功能，因此酒器造型结构总体呈现出从朴拙简单到精细繁复的态势。从其感知方式这一角度来看，现有古代出土的酒器形态可以分为自然形态和人文形态两大类。

自然形态包括自然力作用下创造的一切形态，自然形态本身具有丰富的生态语义，有着完美的共生结构，体现着大自然的和谐环境和富有生机的生命样态，蕴含着自然美和生命存在的理想样式，也是自然生命本然性与本原

① 王京成．中国古代陶瓷盛酒器的造型特点研究 [D]．山东艺术学院，2011（4）：19-21.

性的外在体现。自然形态是客观世界中未经过人类加工的事物的形体，包括动物、植物等所固有的典型形态。在客观世界中，各种自然物的存在和出现都有着各自的规律。在现代包装设计中运用自然形态来设计的方法称为仿生形态。古代的酒器同样也是大量地运用了这种仿生形态。人类最初盛酒、饮酒使用的是原始的果壳，后来人类开始培育这些植物，葫芦就是典型。起初人们直接用它作为酒容器，后来开始大规模地培育葫芦，再然后葫芦容器则成为后来的陶质酒容器的模型。例如，1975年出土于湖南的商代象尊（图2-9），整体造型模仿动物象的形体，栩栩如生，在制作此酒器时又艺术化地缩短了象的躯体，象鼻与腹相通，可作流口，背上有椭圆形口，酒可以从此注入，兼备了实用与审美功能。躯体、四肢及象鼻上均附有龙、凤等神兽纹样，是酒器自然形态的典型，也是商代一体饰多物的艺术作品的杰出代表。

图 2-9　象尊

酒器既能保持物质层面的形态再现，也能给受众带来趣味性、宜人性、亲切感等。无论是“葡萄美酒夜光杯”，还是“玉碗盛来琥珀光”，总能使人感受到美酒与酒器相映生辉的奇妙感，同时在饮酒时把玩手中，可以增强酒趣、活跃气氛。将自然形态的生命力附于包装中，使包装的形态具有质朴、纯真的视觉效果，从而创造出更多人性化、情趣化、艺术化、生活化的包装容器形态。

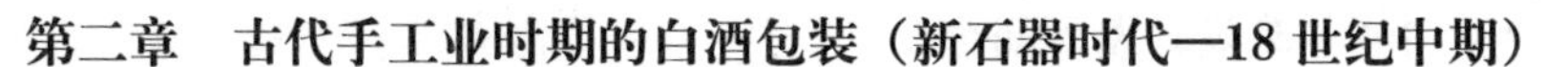

人文形态是人主动创造出的形态，主要表现在人们的日常生活及文化信仰等方面，具有多元化的特性。从人的意志构成比例这一角度来分类，它可以分为具象形态和抽象形态。其中，具象形态是人们基于自然形象之上，主观加工塑造出的形态。如圣兽王麒麟就是人们基于现有动物而创造出来的集狮头、鹿角、虎眼、麋身、龙鳞、牛尾于一体的瑞兽。以其为基本造型的酒器也不少，泸州市博物馆的镇馆之宝麒麟温酒器（图 2-10）就是一例，它的腹腔是炉膛，尾部是炉门，饮酒时打开尾部炉门，在炉膛内放木炭，将酒杯盛酒置于麒麟腹部两侧盛水的圆鼓内温酒，酒随水温而升温，前胸和臀部通连，水可循环从口腔喷出。再如收藏于山西博物馆的南北朝时期的北齐黄绿釉凸贴宝相花龙柄凤首壶（图 2-11）。其盘口微敞，龙口衔唇，龙颈接腹，细高颈，鼓腹，与龙柄相对处有一鸡首。两旁各有三钮，中间钮下贴宝相花一朵，龙柄、鸡首及系下凸贴宝相花和忍冬纹，腹部有棱，下贴四只展翅凤鸟。凤首、龙柄的形态并非来源于人们的主观臆想，而是源于古人对鸡首、龙和凤鸟图腾的崇拜。北京大学的李仰松教授曾指出："美酒的气味容易招惹苍蝇和蚊子，壶口处纳入蜥蜴或龙形的雕塑形象是为了表达健康的愿望，因此凤首龙柄执把壶也被赋予了更多的象征意义。"

图 2-10　麒麟温酒器

图 2-11　北齐黄绿釉凸贴宝相花龙柄凤首壶

## 第三节　白酒包装的材质与气质

白酒容器的材质主要是由白酒物理化学性质所决定的，蒸馏酒乙醇的含量极高，因此为了微生物存活下来，酒器包装就要做到防止白酒及其香气挥发，并避免光线对白酒的质量产生其他不利因素。古人正是考虑了这些因素，所以选择陶瓶保存白酒，有利于聚集酒香，并越陈越香。而后随着酿酒业的迅猛发展，传统的陶瓶不能满足市场需求，人们开始研究新材质，出现了青铜酒器、漆器酒器、瓷酒器等，后来还出现了印刷术、造纸术及玻璃制造技术，这些技术大大丰富了白酒包装的材料。各个时代也因科学技术及审美取向的不同，对不同的酒器材质有所偏好，人们利用这些不同的材质赋予了白酒不同的气质。

### 一、陶酒器

陶是以泥土作为原材料，加以水、火烧制的产物。陶质酒器是指以黏土为胎，经过手捏、轮制、模塑等方法加工成型后，在 800 ～ 1000℃高温下焙烧而成的酒器。陶质盛酒器大多给人一种纯朴、自然的视觉感受。它的出现极大地丰富了人们的原始生活，满足了先人们的饮食生活需求。最早出现古陶酒器的时期可以追溯到新石器时代，而新石器时代后期陶器的发明和使用

在设计艺术的发展史上具有划时代的意义，它标志着人类包装的发展进入到人工材料的新时代。陶器的发明和使用在设计艺术的发展史上实现了第一次飞跃。同时，陶质酒器自然也就是人类最早使用的酒器。这些原始的古陶酒器因原材料的差别和烧制过程的因素，能使陶器在炉内产生各自的色调，主要分为红陶、灰陶、黑陶、白陶和彩陶等。其中新石器时代的红陶之所以呈红色是因为在烧剩过程中，温度一般在900～1000℃，由于陶坯入窑焙烧时采用氧化焰气，使陶胎中的铁转化为三价铁，器表呈红色。红陶胎质粗松，质地欠坚硬，但放置实物不容易变坏。根据陶胎粗细及含砂与否，红陶又可分为泥质红陶和夹砂红陶。山东博物馆收藏的出土于山东大汶口遗址的新石器时代的红陶兽形壶就属于夹砂红陶质，施红色陶衣，光润亮泽。陶器呈灰色或黑灰色的统称为灰陶，灰陶产量高，形式种类多样，主要用于平民和奴隶阶级；白陶由白色的陶土或含铁低的陶土烧制而成，颜色白中带黄，胎质干干净净，质地坚硬，弹击时有清脆之声，白陶十分稀有，为当时的贵族和奴隶主阶级所拥有，生前享用，死后随葬墓内；黑陶制作时因需要烟熏火烤、烟熏渗碳，工序比较烦琐，产量很少。特别值得一提的是龙山文化的黑陶，它壁薄如蛋壳，制作精美，是当时极为贵重的“高技术”产品，有着“黑壳陶”之称。此时，专职的酒器也就应运而生——彩陶，它是陶器中最为精美的，可以在泥质的红陶上进行绘画，画面形象生动，其纹饰多为鱼、蛙、鹿、羊等，造型千变万化，各具特色。

从制作工艺技法上讲，制陶方法主要为泥条盘筑法成型和慢轮成型，经过拍打、刻画、钻孔和打磨等工序之后，晾干、烧制而成。这种新型材质突破了原有的质地范畴，为以后的原始瓷和瓷的出现奠定了基础。新石器时代早期的制陶方法存在地域性差异，北方属于模制范畴，南方属于手制范畴，而到了新石器时代中晚期，南北方制陶法趋同，都普遍采用泥条盘筑法，把和好的泥搓成很长的泥条，经过层层盘叠后，将器里用泥抹平，制成陶器，放在露天堆烧，这是最早的烧陶方法。但后来盛行的是较为先进的轮制法，轮制法的发明是制陶工艺的一大进步。

夏代酿酒业是一个专业化生产的新时期，从挖掘的文物来看，有类似专业酒器的陶质酒器，其说明当时权利阶级设有专门的造酒器部门。此时的陶器多为单色灰陶和黑陶，除了有壶、盉、觚、爵、角等陶酒器，还出现了大口尊等新型器型。由于受青铜礼器的影响，陶器的器型风格较之前的形式呈现出多样稳定的态势，造型上写实与抽象并存，流露出浑厚、质朴、有序的美感。夏代较为出名的是二里头文化出土的陶酒器，其中除了较为常见的盉、爵、觚等，还有壶、盅等，这些器物经常成套出现，其纹饰图案总体而言比较规整。商周时期灰陶主要有泥质灰陶和夹砂灰陶，中期出现了白陶、印纹硬陶等。成套的仿青铜容器的陶礼器组合特点是以陶觚、陶爵为主。纹饰图案也逐渐稳中求变，加入了细腻的几何、动物图形。例如，1982 年出土于二里头的夏周时期的陶质酒器白陶鬶，陶色白中泛黄，质地坚硬。敞口、平沿，腰部有一圈凸棱，三个足部刻有倒立的"人"字纹，先人用其向爵、斛中斟酒。

到了西周和春秋时期，伴随着青铜器和铁器开始大规模生产，陶器的品种和实用价值逐渐降低[①]。陶酒器被先进的青铜酒器、瓷酒器替代，且在礼器上占比缩小。然而陶酒器在平民中的使用数量增大，其造型附耳、圆环形捉手，易用性增强。

## 二、青铜酒器

青铜，是指铜、锡、铅的合金。青铜具有更好的铸造性、耐腐蚀性，且兼具硬度大、耐磨、光泽度佳等特点，其熔点在 1100 ～ 1200℃，是酒器的重要材料之一。青铜器的发展也带领中国酒器进入一个崭新的时代。在《殷周青铜器通论》中记载的 50 类青铜器中，酒具占比过半，这足以证明青铜酒器在青铜器中占有重要地位，也反映了当时青铜制造的工艺水平。《韩诗说》对青铜酒器的规格做了明确的规定："一升曰爵，二升曰觚，三升曰觯，四升曰角，五升曰散，六升曰壶。"这里的一升约为 200 ～ 300ml。因此，规定中的不同规格也区分了各种酒器之间的容量比例及大小关系。

夏、商、周三代农业、畜牧业的发展带来了酿酒业的兴盛，尤其是商代开采和冶炼金属技术的迅猛发展为青铜器的制造带来了空前的机会。根据史料和出土文物证实，我国人民在公元前 21 世纪至公元前 16 世纪，就已经熟

① 王凯宏，沈业，裴志超．中国夏商时期到明清时期陶器器型的发展演变 [J]．艺术教育，2016（6）：253-254.

练地掌握了冶炼青铜铜锡合金的技术；公元前16世纪至公元前11世纪，青铜冶炼技术已经达到了很高的水平①。此时的青铜酒器胎壁厚实，给人以凝重、庄严的感觉，按照功能来分类，可分为储酒器、盛酒器、温酒器和饮酒器。其中，盛酒器有青铜尊、青铜壶、青铜卣、青铜方彝、青铜瓫等。由于铜器具有较好的导热性，因此被广泛应用到了温酒器上，同时盛酒器和饮酒器也兼备加温的功能。

青铜器起初用于权贵阶级，在造型上大量采用了仿生形态，纹饰上采用了动物纹、植物纹和几何纹，旨在追求富丽堂皇、雍容华美的气派。青铜纹饰始于夏代晚期，受当时生产力水平的限制，最早的纹饰是以简单的几何纹样为主，如实心连珠纹。商代青铜酒器的纹饰与王权、神权的结合尤为突出，其神秘、独特，内容丰富。商代各时期的纹饰特点不同，早期青铜酒器的纹饰单调、粗犷，人们凭借对动物的认识，加以主观意识加工，产生了一系列的神兽和动物，进而创造出相应的纹样，如饕餮纹、龙纹、凤纹等。动物的各个部位表现得比较抽象随意，纹饰多平雕，个别主纹出现了浮雕。到了中期，青铜酒器上的纹饰发生了显著变化，一是图形表现的秩序化，原来稀疏、粗犷的线条变得细密有序；二是动物纹的具象化，纹样从动物的面部蔓延到它的角和周身。到晚期，青铜酒器的装饰纹样更加丰富、华丽，一种纹样经过夸张变形衍生出更多的形态，酒器的表面几乎不留任何空隙，装饰的意味越发浓厚。此时期不仅在纹饰上刻意追逐，并且广泛使用浮雕装饰，立体造型使酒器更加生动。如现收藏于南京博物馆的西周早期的凤鸟纹兕觥，整体造型典雅凝重，形似四足兽，兽身为圆角长方形，腹饰对称的浮雕装饰如凤鸟纹，云雷纹使之成为商代精品。

春秋战国时期，青铜器的铸造走向了衰落，汉代时错金银的镶嵌工艺水平达到了顶峰。错金银工艺是指将水银和重金属一起涂在有凹槽的青铜器表面，水银挥发之后，重金属就留在了上面。这种制作工艺使金属不容易脱落。如收藏于临淄齐文化博物馆的战国酒器金银错镶嵌铜牺尊，仿牛形，头顶及双耳间镶嵌绿松石，眼球饰以墨精石，首体接合处，合缝痕被项圈巧妙遮掩，嵌16枚椭圆形银珠，突起如铃，全身镶银丝，组成菱形图案，是全国文物之

① 陈琳．中国古代饮酒器造型研究［D］．南京林业大学．2009（6）．

精品。汉代的青铜器装饰工艺极为先进、发达，尤其是错金银工艺较盛行，且考古发现这一时期出土的金银错青铜器最多。

青铜容器作为秦汉时期重要的酒器亦随之普及，并产生了从礼器向普通实用器转变的趋势。秦的青铜器，与商末周初的神秘诡异风格迥然不同，等级森严的礼器比重开始下降，精巧、实用的生活器物渐渐增多。秦的青铜器出土不是很多，但秦国墓葬出土的青铜壶数量较多，种类丰富，其年代跨度较长，从春秋早期一直到战国末期均有发现。春秋早期，壶的横截面为椭方形，束长颈，两侧有兽首衔环耳，垂腹近底，圈足，如上海博物馆收藏的秦公壶。春秋中晚期，壶的鼓腹上移，器盖与圈足变高。总体来看，方壶的演变主要表现在壶盖不断外扩形成大盖压器口的趋势，双耳由颈部上移至口沿下，形状由兽形衔环耳变为半环形耳再到铺首衔环耳，腹部由垂腹变为鼓腹并上移，圈足越来越高。圆壶的颈部由粗矮变得细高，圈足越来越高。在汉代历史潮流中，适应此变化的青铜酒器会继续沿用并创生出新的类别，如圆壶、扁壶等，有强烈地域特征的器物开始消弭，不适应的则逐渐被淘汰，如蒜头壶。直至西汉晚期，实用的青铜酒器主要有经、樽、钨壶、卮和耳杯。

## 三、漆器酒器

漆制饮酒器，是在竹、木等制作的器胎上髹漆而成的饮酒器。从实用功能看，漆器耐酸、耐热、防腐，易于清洗，胎体牢固结实，它不似青铜酒器含有礼器含义且种类繁多，而是作为日用品在中国酒器史上占据着重要的地位。在考古中发掘的原始社会时期的漆器十分稀少，一方面是由于早期漆器多为木胎不易保存，另一方面是因为漆器的制作复杂，数量较少、价格较高。《盐铁论》记载，“一杯用百人之力”，这里的杯就是指漆器做的杯子，要用百多人的气力才能制作完成一个。商周时期的漆器极为少见，主要是受青铜器高度发展的影响，漆器发展受限，在为数不多的漆器中，形态、装饰手法与青铜器颇为相似。早在战国时期，漆制酒器就有了很多工艺装饰手法，如漆绘、堆漆、针刻、镶嵌、扣器、金银文画等。由于漆质酒器较之青铜酒器更为轻便、美观、适用，因此当时的贵族们以漆器待客为荣。

到了春秋时期，我国奴隶制度土崩瓦解，取而代之的封建制度促使社会

生产力的稳健发展，同时也使得漆工艺得到迅猛发展。封建统治阶级强调器物的实用功能，再加之手工条件的提高使漆工艺的精细程度越来越高，实用漆器越来越多。春秋时期漆器多在河南、山西、山东偏北地区的墓葬出土，湖北、湖南出土了大量的战国漆器，如楚国是重要的漆器生产地。战国时期对漆树的栽培和生产极为重视，且专门设置官吏进行经营管理，说明漆器在夏商周以及春秋时期的社会中有着重要的地位。此时漆酒器开始摆脱对传统青铜酒器的模仿，具有地方艺术设计特征。如楚地颜家岭出土的彩绘狩猎纹漆樽，独特的三蹄足和铜鋬造型柔和了髹漆绘画等多种技艺，极具艺术审美价值。

秦代时，在漆器上注明了产地、制作工匠的名字以及官方机构名称。此时的漆制酒器逐步替代了青铜酒器，其形制也在继承青铜酒器的基础上有了较大创新。汉代人们的审美需求逐渐提升，在漆器造型的设计过程中，将儒学的“正方、规矩”的思想融入其中。秦汉时期的酒器主要有漆器扁壶和圆壶。漆器贮酒器形制典雅，造型呈现出简洁、对称、端庄的特征，同时工艺高超，既实用，也具有艺术审美的价值。如秦代的彩绘牛马鸟纹漆扁壶和西汉的彩绘七豹纹漆扁壶，木胎，双面绘制十分精致，绘制的动物姿态生动。后者两半合成，内朱外黑，用朱、灰色彩绘豹纹和草叶纹。此时的漆器制作达到了中国古代发展史上的高峰，漆制酒器取代了陶制酒器、青铜酒器和铁制酒器成为汉代酒器的主流。汉代漆制酒器在造型上讲究简练、巧、实用，形体比商周青铜酒器大大减小，也不再以拥有漆制酒器的大小来区别社会等级，而以漆制酒器制作的精美程度来衡量贵族们社会地位的高低。就漆制酒器的品种来说，以耳杯、扁壶等实用酒具为主。纹饰具有清新活泼的艺术风格，富有浓厚的生活气息。

魏晋时代，漆制酒器还在流行，王羲之在《兰亭序》中描述的“曲水流觞”，其中的“流觞”便是传统的木胎髹漆耳杯，器型呈椭圆形。南北朝以后，漆制酒器逐渐退出酒界。由于魏晋南北朝期间流行坐床的习俗与汉代的席地而坐有所不同，酒器形制逐渐从矮胖变得瘦长。瓷器与漆器相比，不管是作为盛酒、饮酒器具还是酿造酒具，性价比都超越了漆器。在这时，漆器也只作为日常使用的器具，在丧葬中也很少使用漆器作为陪葬品。

唐代，漆器已列为税收实物之一。从文献记载及保存和发掘的文物来看，唐代漆器的工艺品特征日益明显，漆器的制作工艺达到了空前的水平。工匠们在制作漆酒器时使用镂刻錾凿的技术，并结合漆工艺制作出精妙绝伦的漆酒器，明显具有浓厚的大唐风格。如用贝壳裁切成物象，上施线雕，在漆面上镶嵌成纹的螺钿酒器；用稠漆堆成型的凸起花纹的堆漆酒器；用金、银花片镶嵌而成的金银平脱酒器等都是此时典型的酒器工艺品代表。

到了宋朝，具有高度纹饰的漆酒器出现。这时的漆酒器特点是堆漆肥厚，用藏锋的刀法在器具外刻出丰硕圆润的花纹。然而这时的漆酒器已经比较少了，并且其性质逐渐从酒器变为一种艺术品。

随着明清时期的到来，漆器的样式空前繁多，种类也最为丰富。堆漆、填漆、一色漆器、罩漆、描漆、描金、雕填、螺钿等种类层出不穷，所以这时的漆器已经很少作为实用器具出现。

### 四、瓷制酒器

漆器和陶质酒具或不易保温，或不易散热，或不易清洗，且病菌容易黏附和繁殖，导致食物霉变，以至于陶质和漆器酒具逐渐减少。青铜酒具华丽气派，但铜锈使人恶心且易中毒，已经消失于大众视野。金银和玉石酒具高贵典雅，但材料稀缺难以普及。瓷与陶属同源物，但瓷胎的表面施盖釉质，器表光滑，使用方便并利于清洗，从使用功能、审美功能、卫生保健、造价成本上看，瓷质酒具比陶器、漆器、金属器、玉石器更具优势，更符合人们的饮酒习惯。瓷质酒器在所有酒器中，使用时间最长，使用范围也最广。

瓷器色彩绚丽夺目，工艺和造型多样，器型趋于隽秀、柔美、端庄、清丽。多为中小型盛酒器，多为瓷壶、玉壶春瓶和梅瓶等造型。瓷壶又分为盘口瓷壶、鸡头瓷壶、执瓷壶等不同造型。玉壶春瓶和梅瓶是瓷质盛酒器的典型代表，玉壶春瓷瓶为“S”形流线造型，腹微鼓，肩呈曲线，口外撇，有圈足，通体修长，清丽、剔透，体现出了美女般的灵秀之美。由于瓷器釉色光润晶莹，与有中国传统美好寓意的玉一样，符合中国的审美精神。世界瓷器的历史发展起源于中国，大约在商代中期出现了原始瓷，它是陶器向瓷器的过渡形态，其烧成温度要高于普通陶制品，釉色也已经具备了一些瓷的特点，但并非真

正意义上的瓷。而到东汉后期逐渐烧造出真正的瓷，此时的胎体与普通陶制品没有太大区别，器体挂釉，多呈灰绿色，瓷器使用高岭土为主要原料，高温烧成，造型更加趋于复杂、精致。历经数千年，青釉、黑釉、白釉是中国古代瓷器中最常见的三种单色釉，而古代瓷器的品类涵盖了青瓷、黑瓷、白瓷、三彩瓷、青花瓷、五彩瓷、粉彩瓷等数十种。魏晋南北朝时期，瓷器生产得到了广泛的发展，普遍进入一些贵族家庭，成了一种财富和权势的象征，比较出名的有收藏于中国国家博物馆的南北朝时期的青瓷莲花尊（图 2-12）。这件青瓷莲花尊侈口、长颈、圆腹、高圈足。此尊胎体厚重，胎质细密，呈灰褐色，器身上下遍布纹饰，颈下两侧各有两尊交脚并坐的佛像。两侧佛像上方各有一个飞天，飞天两侧有云纹、莲花纹。浮雕莲瓣是莲花尊的重要造型特征，俯视时向外伸展的层层莲瓣宛如盛开的莲花，其形状如曼荼罗坛，且与印度珊奇佛塔的造型十分相似。

**图 2-12　青瓷莲花尊**

唐代的瓷器生产布局呈现“南青北白”“兼容并蓄”的特点。所谓“南青北白”指的是南方的越窑青瓷和北方的邢窑白瓷。唐代青瓷追求一种“冰肌玉骨”的艺术效果，早期器物极少装饰，如 20 世纪 30 年代于浙江绍兴出土的唐越窑青釉执壶（图 2-13），无装饰纹样，壶内外施釉，釉色青中闪黄。晚唐五代时期出现的刻画花纹，则是受当时外来文化的影响，出现了各种龙凤、游鱼、云鹤、鹦鹉、蛱蝶、花卉等主题。白瓷是唐代陶瓷中的又一重要品种。《国史补》中记载，“内丘白瓷瓯”“天下无贵，贱通用之”，可见白瓷产量高、生产规模大。邢窑白瓷类银似雪，釉白而微闪，淡黄或淡青，胎制稍厚而细腻，瓷制坚硬。如 1980 年出土于浙江临安天复元年（901 年）水邱氏墓中的白釉金扣瓜形注子（图 2-14），是唐代后期的瓷酒器精品，通体胎质洁白细密，施牙白釉。盖钮下有鎏金菊花座，口沿、流、盖沿和钮上均镶嵌有刻花鎏金银扣，把手上尚存包金银环一圈，说明原执把手与盖顶系有银链。底部阴刻“官”字款。唐代另外一个杰出成就是三彩瓷，如 1992 年西安长安区出土了一件三彩双鱼榼（图 2-15），是唐代罕见的模仿动物形态的三彩酒器酒壶，其造型设计匠心独运，巧妙利用两条对拥的鱼构成榼体轮廓，自然流畅。侧看，似鲤鱼跳龙门；正面看，又犹如两鱼相对嬉戏。

图 2-13　唐越窑青釉执壶

图 2-14　白釉金扣瓜形注子

图 2-15　三彩双鱼榼

宋代时期瓷酒器基本完全占据酒具市场。知名的官、定、汝、均、哥五大官窑以及景德镇的窑址都生产了大量精美的瓷酒器。宋代瓷器一方面在造型上继承了隋唐酒文化的遗风，另一方面又将“宋学”思想融入造型、装饰上，较之前朝各代工艺美术品显得淡雅和理性，装饰纹样上大多采用直接刻画、书写和酒有关的诗句、谚语，新兴的窑厂比比皆是。宋代景德镇的青白瓷最为文人所推崇和喜爱，其瓷质细腻、体态俊朗、釉色淡雅、纹饰含蓄，重实用且更具观赏价值。其优良的材质、多变的釉色和恰如其分的装饰巧妙融合，令人赞不绝口，成为具有独特审美情趣的实用酒器。材质的优良指的是胎体烧成后的洁白度、透明度和柔润感。此时制瓷工匠们发现了优质的瓷土并将其广泛应用到制瓷工艺中，胎质的改进对制瓷业来讲是一个相当大的进步。宋代的优质胎质，按釉色主要分为青白釉瓷、黑釉瓷系。

据专家研究分析，此时的很多瓷窑烧制出来质量很高的青白瓷，它们胎体洁白、釉色莹润，有些薄胎器更是达到了半透明的程度。如江西、浙江、福建和广东等诸多窑系都出土了大量品质不俗的青白瓷器。青白瓷其釉色介于青白二者之间，青中泛白、白里显青，但青白瓷有时也因焙烧过程中，火候的控制、氧化还原掌握不当等诸多因素，导致其出现米黄色。宋代陶瓷酒具的装饰美主要体现在纹饰和釉色上。酒具的装饰不仅以丰富而曼妙的花纹冠绝古今，还有些精品摒弃了繁复的纹饰，纯粹靠朴素、纯净的釉色作为美化的艺术手段，同样精彩绝伦。黑釉实际上始于东汉，在宋代得以快速发展。虽然自古黑色并不被大众接受，但在宋代，经过制瓷艺人的努力，创造了很多独特的釉面装饰效果。而后，宋金元时期对黑釉的配方、施釉、窑温等因素掌握得越来越娴熟，制瓷艺人无意中发现含有铁元素的斑花石做釉料，烧成后呈黄褐色，能诞生出奇特的铁锈红，最终创造出了黑釉与铁锈红的“组合”。如收藏于法国集美博物馆的黑釉铁锈花梅瓶，黑色的花瓶上静中有动，花色灵动自然。

元代瓷业较宋代时衰落，但海外贸易的蓬勃发展，进一步刺激白酒向外流通的市场。在瓷器发展史上是一个承前启后的关键时期，代表这一重要时代的景德镇窑出现了空前的繁荣，创烧出了诸如高温颜色釉瓷、卵白釉（枢府）瓷和成熟青花等新的品种，不但“釉彩明亮”，而且还采用描金技术。钧窑、磁州窑、龙泉窑等继续生产传统陶瓷品种，其产品不但畅销国内，而且远销国外，然而瓷器的用途却悄然发生了改变，从宋代的实用酒器转变为陈设器。值得一提的是，青花瓷器首创于元代，元青花瓷开辟了由素瓷向彩瓷过渡的新时代。自此以后，明清以其为基奠蓬勃发展。彩瓷大量地流行，白瓷成为瓷器地主流，釉色白泛青，卵白釉、蓝釉、红釉瓷等新品种层出不穷。重庆三峡博物馆藏的元代影青釉瓜形铁锈花龙柄提梁壶（图 2-16），通体施青白釉，釉色白中泛青，腹上有一处铁锈斑，底无釉。造型独特，设计巧妙，是元代瓷器中实用性和艺术性相结合的完美器物，被收入《中国美术全集》。明朝的瓷器地位空前提高，洪武三年“今拟凡祭器皆用瓷，其式皆仿古簠簋登豆，惟笾以竹”。[①]从此瓷器成为法定祭器。明代初制瓷业以永乐、宣德年间为最盛，明代中叶，出现了新工艺“景泰蓝”，该制品多被帝王将相、高贵显达用作餐具和酒器，成为古代酒器史上的新纪元。此时景德镇更成为主要的窑厂，并一直延续至今。景德镇青花、斗彩、五彩、单色釉体现了当时中国的制瓷水平。青花酒器中以青花梅瓶、玉壶春瓶等青花瓶型最具代表性，如收藏于北京故宫博物馆的明代宫廷御用的永乐青花玉壶春瓶，该青花采用进口苏泥

① ［清］张廷玉等撰．《明史》卷四十七，第 5 册．北京：中华书局，1974：1237.

勃青料，色泽浓丽沉稳。在 20 世纪 90 年代香港拍卖的明代成化斗彩鸡缸杯，拍出了 2917 万港元的天价，成为当时中国古代瓷器在拍卖市场上成交的最高纪录。另外，瓷质酒具造型丰满浑厚，线条柔和圆润，如永乐梅瓶、宣德压手杯等。

图 2-16　元代影青釉瓜形铁锈花龙柄提梁壶

明清时期是中国瓷器发展史上的巅峰时期。清朝的康熙、雍正、乾隆三代，因政治安定、经济繁荣，帝王对瓷业产生了前所未有的热情。正是在帝王的关心支持下，瓷器业蓬勃发展，造型丰富多彩、纹样不拘一格。且因每个皇帝的喜好不一，所以每个朝代的瓷器皆有其独特之处。由于康熙帝的事必躬亲，康熙时期不仅恢复了明代永乐、宣德朝以来的红釉制作工艺，还创烧了很多新品种，并烧制出色泽鲜明翠硕、浓淡相间、层次分明的青花。另外，康熙时期创烧的珐琅彩瓷也闻名于世，颜色多变且较为丰富，不再局限于红绿两色。清代酒器有一个明显的特点，即多仿古器。如清宫御用的各类瓷尊、壶、瓶等，皆为清代仿古酒器。清代陶瓷生产，除以景德镇的官窑为中心外，各地民窑的发展都极为昌盛兴隆。西洋原料及技术的传入，使得明清的陶瓷业在陶瓷史上大放异彩、独具特色。

## 五、其他材料（金银、玻璃、纸质）

先秦时期，金银主要以青铜器上的错金银装饰和首饰的形式出现。早期的金银器工艺从青铜工艺而来，以范铸为主，打锻为辅，银器的制作工艺基本来源于金器的制作工艺。金银制饮酒器是古代使用最早的金银器皿之一。早在公元前 4 世纪，希腊军队的指挥官就讲究使用银杯喝水，几乎是同一时期，在中国发达富裕的楚国地域出现了国君使用的金杯。使用金银杯除了其质地的高贵外，恐怕也与其消毒、防腐的特殊功能有关。值得注意的，我国还出土了战国时期的纯金的酒器和食器。这说明我国当时的冶炼和手工艺，已经有了相当高的水平。南北朝时期，金银杯的造型多样化起来，而且充满异域风采。原则上唐代能够使用纯金纯玉酒器的只有皇室及贵戚，《唐律疏议》中规定“一品以下食器不得用纯金、纯玉”。[①]唐代酒具以金银酒器最为贵重，受外来文化的影响有些金银酒器还带有外域风采，具有极高的艺术价值，金银酒器通常为权贵人士所拥有。宋元时期虽战事频发，但商品经济、手工业等方面迅速发展，社会等级界线开始模糊，金银器的使用范围逐渐趋于自由，不再是王公贵族独享的奢华，而是日益商品化、生活化，逐渐从上流社会进入酒楼菜馆以及家境殷实的百姓人家，制作精良的器物甚至成为家居陈设，从实用器升级为艺术品。而后金酒具的使用现象减少，银酒具的使用逐渐普及，酒具包括酒柱子、酒杯、盘盏、执壶等。

属于中国四大发明的印刷术和造纸术对世界包装产业的发展起到了重大推动作用。在历史文献中关于造纸术最早的记载是《后汉书》中提到的东汉蔡伦造纸。在先人们的不断探索与实践中，纸的发展过程与其制作工艺大相径庭。千百年来尽管纸质不断更迭，但其制作工艺与流程大致不变。比如麻类植物，用水浸泡，剥其皮，再用刀剁碎，放入锅里煮，待晾凉后再行浸泡、脚踩，用棍棒搅拌，使其纤维变碎、变细，然后掺入辅料，制成纸浆，最后用抄纸器（竹帘之类）进行抄捞、晾干，即可制成纸[②]。唐代《三水小牍》中提到“钜鹿郡南和县街北有纸坊”，说明了唐代就有大规模的造纸作坊。

① 曹漫之等．唐律疏议译注 [M]．吉林人民出版社，1989：884.

② 潘吉星．论印刷物物质载体纸的起源 [A] 中国印刷史学术研讨会文集 [C]．北京：印刷工业出版社，1997：106-109.

到明清时期手工造纸术达鼎盛。手工业时期的纸以手工纸为主，利用帘网框架、人工逐张捞制而成。质地松软，吸水力强，适合于水墨书写、绘画和印刷用，而后这种技艺也得以改进并运用到现代纸业中，如手工方式可制传统的中国宣纸和特殊的艺术纸等。由于纸质材料轻便、易于运输、可塑性强，酒包装也将纸质运用到包装中。到了 19 世纪，造纸技术有了很大进步，在短时间内就可以完成大量印刷。在 1803 年，英国的富德林那兄弟经过多年的探索发明了早期的制纸机，而到了 1860 年，出现了年产纸张达 1000 吨的高速机。随着商业贸易的发展以及对外交流的频繁，中国的印刷技术传到了欧洲。在我国出现雕版印刷的 600 年之后，欧洲才出现了雕版印刷。1440—1448 年间，德国人谷滕堡利用铅活字来印刷宗教书籍，这比我国泥活字印刷术晚了多年。由于欧洲文字字母相对汉字较少，在印刷改良方面相对容易一些，所以活字印刷术很快在欧洲国家进行传播，得到了大范围的使用，对资本主义的快速发展起到了极大的促进作用。到了 19 世纪初期，印刷技术的发展进入了全盛时期，包装业技术很快与之相结合，当精美的彩色印刷应用于纸盒包装时，迅速吸引了很多人的目光。由于纸盒表面印刷的丰富性，商品信息的传达变得更加自由、直接，纸包装走上了飞速发展的道路。

在 4000 年前，古埃及人制造出人类第一块玻璃后，这种晶莹明亮的无机物便成为人们生活中重要的组成部分。考古资料证明，中国在西周时期就能生产玻璃，但玻璃制作一直比较落后，一般为铅钡玻璃，透明度较差。从春秋晚期开始，国外的玻璃制品流入中国，被古人视为珍宝，同时也带动了本土玻璃器具的发展。到魏晋南北朝时期，玻璃的吹制工艺经由丝绸之路传入中国，搭乘丝绸之路的东风，罗马、萨珊艺术风格开始影响中国玻璃制品的造型与色彩。沉稳厚重的器物开始向轻薄透明、色泽亮丽的方向发展。隋唐时期的中国玻璃充满浓厚的波斯风格，如陕西扶风法门寺出土的唐东罗马风格贴花盘口玻璃瓶，我们很少能够在唐代以前的古代文献中发现“玻璃”一词，但它一直存在于先前的那段历史之中，只是其一直以其他的称谓被记载着。中国的玻璃艺术风格被异域风情潜移默化地影响着，装饰手法在磨花、刻花、贴塑等基础上发展出更为精细的工艺。如 1985 年出土的唐代玻璃网纹瓶（图 2-17），所饰凸起的网格纹就是二次贴塑的工艺。到明朝时期，玻璃制作技术已经非常先进，玻璃酒杯也得到了广泛的运用，如现在还流行的玻璃酒杯在当时就已出现。

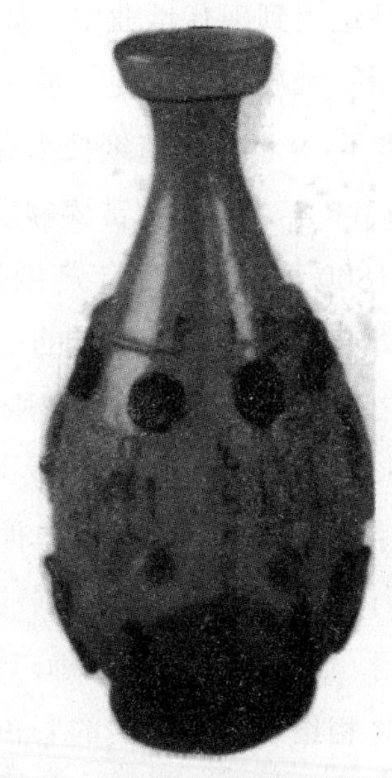

图 2-17　唐代玻璃网纹瓶

## 第四节　游走在朴素与繁复间的酒包装装饰纹样

### 一、从简单几何走向意向图形

纹样即纹饰，指按照一定图案结构规律，经过抽象、变化等方法而规则化、定型化的图形。原始社会时期是中国传统纹样的起源时期，古代酒器的装饰纹样经历了一个从无意识、模糊意识的简单几何图形到有一定难度的曲形，再到多重组合形，接着到有意向的、清晰的写实图形、象征图形的发展过程，图形广泛地应用在各个时期、各种材质的酒器上，并在不同的时代环境中被赋予了不同的内涵。

早期的酒器图形纹样出现在陶酒器上，其纹饰主要是先人们在素面的器壁上进行刻、划、拍、打而成。起初，纹样的产生是在制作中为了使用方便而无意中形成的。比如绳纹，这种简单的纹饰，往往出现于器物的颈口处，

据推断很可能是源自烧制时悬挂的痕迹。再比如在酒器的颈部、肩部或腹部出现的弦纹，其为一根凸起的直或横的线条，是鉴于便于拿握、增加摩擦力、不易滑脱等实用功能的需要。再如拍打纹是在制陶过程中，为了抹平泥条间的沟缝并使器壁均匀坚实，必须拍打内外壁，进而无意间产生的纹样肌理。尽管这些简单的纹饰主观意识性都不强，但也反映了人们的基本审美需求。

从无意识图形到有意识图形的发展中，简单几何图形是必经之路。简单几何图形的萌芽阶段经历了直条纹、横条纹、曲线纹等。其中，直条纹是连续的直线条组成的纹饰，线条仅有粗细、凸起及凹陷的变化。商代晚期到西周时期尊、觯、卣、簋的腹部及方座簋的方座往往饰直条纹，春秋时期已不多见。横条纹旧称平行线纹、沟纹、瓦纹，用宽阔的横条做凸起或凹陷的槽状纹饰，形如仰瓦排列。简单的条纹发展成曲折纹、波折纹、三角折线纹等曲折纹，进而技艺逐渐娴熟发展成曲线纹饰。

几何纹饰早在原始社会的陶器上就已经出现，原始几何纹样起源于日、月、山、水、云、雷等自然形态和现象，几何形被广泛地应用在古代酒器中，有的被历代人们沿用至今，形成独具一格的艺术风格。传统几何纹样造型有的简洁凝练、有的复杂烦锁，它是以点、线、面的图形组成的有规律的纹饰，方形或者长方形和菱形的纹样被称为带状纹，线被称为弦纹，点被称为乳钉纹。其注重形式上的变化和结构上的美感。组织结构有规律性，多为适合纹样、二方连续、四方连续，排列有序并且富有节奏感和韵律感。它包括了菱形云雷纹、网格纹等。如新石器时期仰韶文化船形网纹彩陶壶（图 2-18），网格状的几何纹样，简单且富有节奏美感。再如现收藏于北京故宫博物院的商代白陶刻几何纹瓿（图 2-19），通体雕刻纹饰，以精细的回纹作地衬托几何纹，端庄大气。

图 2-18　新石器时期仰韶文化船形网纹彩陶壶

图 2-19　白陶刻几何纹瓿

简单几何形在后续的发展中，通过多重组合、重构，逐渐演化成模仿大自然客观世界的各种图形、图案，形成有内涵或有故事情景的纹饰。如收藏于西安半坡博物馆的人面鸟鱼纹葫芦瓶（图 2-20），口部绘黑彩，彩陶图案主要由人面、鸟 头、鱼、三角和圆点纹等几何图形构成。腹部一面和另一面绘有鸟纹两组，侧面绘有鱼纹和几何形图案各一组，不论是构图还是艺术手法，毫无疑问是 6000 多年前的绘画精品。

图 2-20　人面鸟鱼纹葫芦瓶

后期的图形装饰越发丰富、有内涵。这种象征意义不是在这个图形形成以后才刻意加上去的，而是在图形诞生伊始就被赋予的。即使是一种十分简单的纹饰，也具有十分深奥的含义。几乎在所有纹饰的历史发展过程中，都包含着各种各样的象征性寓意，它的形式总是受到表达内容的制约。这种有象征、有意识的图形纹样可以分为动物纹饰、植物纹饰、铭文纹饰三大类型。

动物纹饰包含了真实的动物变形以及人们想象创造出来的神兽两大类。第一类真实的动物有鱼、兔、蛙、犀、象、龟和熊等，常出现在陶质酒器和青铜酒器之上，此类动物与先人们的日常生活联系紧密，且寓意吉祥，也因此常作为装饰纹样抽象地出现在各类器皿之上；第二类想象创造出的神兽有窃曲纹、兽面纹、龙纹、凤纹等。窃曲纹的名称在《吕氏春秋》中就有记载，“周鼎有窃曲，状甚长，上下皆曲，以见极之败也”。可见，窃曲纹的基本特征是一个横置的 S 形，正符合“上下皆曲”的特点。它始见于西周，盛行于西周中后期，春秋战国时仍见沿用。如现收藏于陕西省博物馆于 1966 年在陕西岐山贺家村出土的夔纹罍（图 2-21）。

兽面纹也叫餐餮纹。这种纹饰本身就具有浓厚的神秘色彩，最早出现在五千年以前。《吕氏春秋·先识》篇中有“周鼎著婴餮，有首无身，食人未咽，害及其身”之说。兽面纹的纹样构成由左右对称的不确定具体动物的兽面组成，有的像龙、像虎、像牛，还有的像鸟、像凤、像人。但无一例外都是圆眼、弯角，并大张着嘴巴，露出锋利的牙齿，表情十分狰狞恐怖。这些纹饰和造型装饰了青铜酒器，使其感观上具有纹饰“美”。与此同时，该类纹饰还常与云雷纹、几何纹样搭配，附着在酒器造型上，表达出特定的象征意义。如荆州博物馆收藏的铜大口尊，颈部饰三周凸弦纹，肩、腹、圈足等部位以云雷纹衬底，肩部饰三鸟三牺首，铜尊上的夔龙纹、饕餮纹风格粗犷。

图 2-21　夔纹罍

酒器上的龙纹、凤纹均源自商代，且具有图腾的内涵。龙的种类繁多，其中青铜酒器上的龙纹以“夔龙纹”为主，一头一爪是夔龙纹的特征，此外还有卷龙纹双体龙纹等。蟠螭纹也是龙纹的一种，螭是传说中的一种没有角的龙，张口、卷尾、蟠屈。如南京博物院收藏的春秋晚期的青铜酒器蟠螭纹尊（图 2-22），腹部就是装饰的蟠螭纹，此纹饰常常以二方连续、四方连续的方式出现。凤纹有别于鸟纹，它有向上飞舞的姿态。由于凤的吉祥含义，周人尤其喜爱凤鸟，如收藏于三门峡市虢国博物馆的周代文物凤鸟纹方壶酒

器，腹部分成八块，每块内饰垂冠大凤鸟纹。此后，人们还创作出龙凤合璧的装饰纹样，如收藏于随州博物馆的春秋时代的曾仲姬提链壶（图 2-23），口部以下至腹部满饰五层龙凤纹，龙与凤相对飞舞，以六道“工”纹相隔。

图 2-22　青铜酒器蟠螭纹尊

图 2-23　曾仲姬提链壶

植物纹饰是以日常生活中所接触到的花草树木为原型而绘制出来的艺术化图形。从大量出土文物表明，植物纹始于新石器时代对植物的自然生态模仿，然后在漫长的历史长河中形成有秩序、有美感、有构图、有题材、有意识的图案。魏晋南北朝时期人民生活由于战争连连，佛教很快进入中原人民的生活之中并日益兴盛起来，受佛教影响，莲花纹、蔓草纹、忍冬等植物为主的花卉纹样成为主流。如河北博物馆收藏的北朝青瓷青釉仰覆莲花尊（图 2-24），酒器通体都以莲花做装饰，肩部至底足装饰 6 层不同形态的莲瓣，肩部堆贴两层双瓣覆莲，莲瓣圆润舒展、繁缛华丽，采用浅刻、深雕、模印、堆贴等多种装饰技法。

唐代人们以丰满、圆润为美，植物纹样进入繁荣期，主要以宝象花、团花、卷草为代表纹样。宝相花是一种具有象征意义的花，它集中了莲花、牡丹、菊花的特征并经过艺术处理而成，从唐代开始宝相花纹逐渐形成固定的造型模式，呈圆形辐射状，形式上采用“米”字形四向或多向对称放射状，数量大多数为 8 瓣，一般以某种花卉为主体，中间镶嵌着形状不同、大小粗细有别的其他花叶组成。团花的出现一方面受中国传统“圆形”纹样的影响，如旋纹、火纹、云龙纹等，适合圆形的图形；另一方面则受外来文化“联珠纹”的影响，联珠即一个连接一个的双线轮，里面画上各种鸟兽图样，双线轮中又描上大小相等的圆珠。①该纹样是由于圆形物体本身制约而成的，这里的“团”也象征“团圆”。团花是圆形的适合型花纹，多用于宝相花、牡丹、莲花等作为图案化的主体，并且在四个团花之间用忍纹和冬纹作为点缀。唐代敦煌的卷草纹也是非常具有代表性的植物纹样，卷草纹为波浪式的带状造型出现，枝繁叶茂、硕果累累。

宋代人们常将花与酒紧密相联，因此酒器上的纹饰取意于花卉者最多，酒器中杯盏特别是劝盏式样最为新巧，其设计上常取用的象生花为菊花、黄蜀葵、莲花、芙蓉、水仙、梅花、栀子和菱花等。如北宋磁州窑刻花褐彩梅瓶（图 2-25），通体施黑釉，乌黑润泽，圈足露胎，前后方各以剪纸贴花的方法饰折技梅花纹，露出黄色胎，上有褐彩勾花蕊，简洁有力。剪纸贴花是以贴花方式留白以后，再以毛笔漆加细节。

图 2-24　青瓷青釉仰覆莲花尊

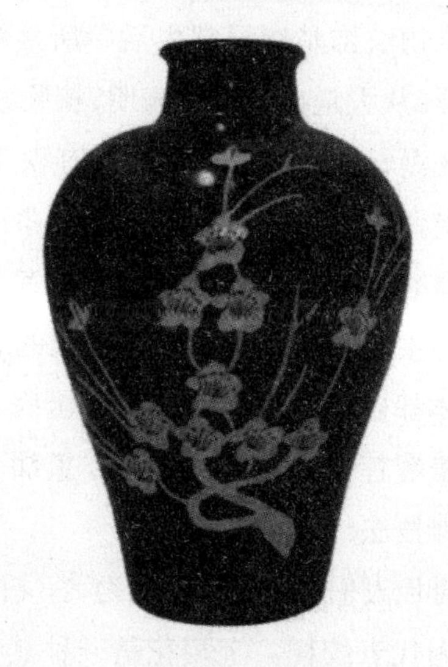

图 2-25　磁州窑刻花褐彩梅瓶

铭文也称金雯昕、鸟篆纹，多出现在酒器的底部或内壁，是作为酒器研

① 宋晓丽．唐代团花及其应用研究 [D]．兰州大学，2011（03）：8-10.

究中的时代划分、艺术风格、文化内涵的重要部分。铸造青铜器上的铭文时，并非先铸造器身再錾刻铭文，而是与器型胎体一次性铸造完成。铭文始于商代，盛行于周代，随着时代的发展变迁，铭文的字形结构与书体上均有较明显的差别。商代早期铭文一般为族徽，标记铸器相关的氏族、主人名号，存放的地点、场所，或祭辞等。西周是青铜器铭文大发展的时期，铭文是大量的记事体裁，成为编年分期研究西周铜器的重要依据。如收藏于西安博物馆的西周时期的日己觥，就是以其内的铭文，天氏为亡父日己铸造祭祀而得名。汉代酒器的铭文除了记录人、时间、地点、事件外还记录了器皿的名称。如辉县市出土的汉代铭文樽陶，腹部用白色颜料竖写隶书“酒樽”，再次验证了该三足樽为汉代专用酒器，即供汉代贵族进行拜谒、宴饮、舞乐活动时使用。

## 二、趋于丰富的色彩

中国古代酒器的色彩受两大因素制约，一是受中华传统文化中伦理道德和森严的阶级制度中色彩倾向的影响；二是受不同材质在生产技术的发展下新色彩样式与审美喜好的影响。其中前者仰仗于后者新兴材料的选择及装饰工艺的应用。

陶质酒器的色彩比较有限，原材料的差别因素和烧制过程的因素，能使陶器在炉内产生各自的色调，前文中依据陶色的不同将陶质酒器分为红陶、灰陶、黑陶、白陶和彩陶。在此主要讨论的是彩陶。彩陶区别于彩绘陶，前者是在打磨光滑的橙红色陶坯上，用天然的矿物质颜料再入窑烧制而成，陶质酒器本身呈现出赭红、黑、白等诸种颜色的美丽图案；后者是烧成后在酒器上上色。其中彩陶因其是未烧前上色，烧制为成品后的色彩固定且不易脱落，而彩绘陶烧成后绘上的花纹及色彩则易脱落。如收藏于郑州市博物馆的彩陶双联壶（图 2-26），出土于战国楚墓中。采用红陶泥质，整器为双壶并列，两腹之间由椭圆形口相连，侈口、矮颈、鼓腹、平底，两壶外侧各有一竖耳。器身施红陶衣，再绘黑彩，腹部满饰平行线条，平行线条间，一壶绘三条斜行短线，另一壶绘三条竖行短线。

图 2-26　彩陶双联壶

在我国不少远古文化遗址中都发现了彩绘用的颜料、石砚、磨棒、调色盘盏等。从现有出土的彩陶酒器的装饰效果来看，先人们在新石器时代已经使用毛笔一类的工具。其装饰色彩包含红色、黑色、白色等。红彩的着色剂主要是铁，黑彩的着色剂是氧化铁和氧化锰的混合物，白彩的着色剂是石英。[①]在陶质酒器的发展过程中，参考陶衣的固有色再绘制单色纹饰，进而出现描边的二色纹饰及复色纹饰。彩陶酒器中，色彩的对比和穿插与陶器的纹饰、造型交相辉映。在实用的基础上满足了人们的精神需求，达到了丰富的装饰效果。如收藏于郑州博物馆的唐代的唐三彩酒器组合（图 2-27），酒器周身施黄、赭、深绿色釉，为上釉的陶器，上釉处采用了刷、淋、点的技法，釉汁自然流淌，有意露出胎体。

图 2-27　唐三彩酒器组合

① 张卉．中国古代陶器设计艺术发展源流 [D]．南京艺术学院，2017（5）：40-41.

青铜酒器的色彩以青铜材质本身的金属色彩为主，因为出土的时间不一、氧化程度不同，呈现出青色、黑色、绿色、褐色，甚至出现偏红、偏蓝的颜色。导致这一现象的主要原因是由铜锈造成的，如硫化铜、碱式碳酸铜会呈现出靛蓝色，而氧化亚铜则会出现偏红的颜色。

漆质酒器的器身拥有黑色的光泽之美，黑色搭配红色是髹漆工艺的传统之法，一般外壁多用黑漆图，内壁多为红色纹饰。漆质酒器上的红色是运用朱砂调制的，分暗红和朱红，暗红沉稳、大气，朱红色彩鲜艳、有生命力。在器内壁涂朱红漆除了美观外，还彰显出中国的饮食文化，酒在红色纹饰的衬托下会显得更加晶莹剔透，视觉感官上更为香醇。从这个角度可以看到中国人自古在饮食上讲究色、香、味俱全的传统。后续也有金色、黄色、褐色等，例如荆州博物馆收藏的战国时期的猪形酒具漆器，全器外壁皆以黑漆为地，在其上用红、黄、银灰、棕红等色绘制纹饰。而且，为了追求色彩斑斓的效果，还运用贴金、贴银的技艺，将蓝、金、银色运用到其中，如收藏于北京故宫博物院的清代的黑漆描金山水楼阁纹壶，体采用黑漆描金技法绘制花纹，腹部的主体纹饰以金色描绘的装饰方法描绘了山石楼阁。另外，这些漆器充分利用了纹饰的布置，随着装饰纹样的粗细、疏密、线条的复杂与简洁和形式的组合变化，使单一的红黑两色显现出五色的光彩图，犹如中国画中的“墨分五色”一样，呈现出丰富的色彩层次和多彩多姿的视觉效果。

瓷质酒器的色彩，因釉而自带光泽。中国明代以前的瓷器以没有花纹、色彩单纯的素瓷为主，也就是前文中提到的青瓷、黑瓷、白瓷。明清是中国瓷器生产的黄金时期，各种釉上彩瓷及釉中、釉下彩绘瓷开始大量出现，并得到迅速发展，“南青北白”的局面开始被打破，彩瓷逐渐成了瓷器发展的主流，各种绚丽多彩的彩瓷占据并引领了陶瓷的发展方向，以彩绘瓷为主要流行的瓷器。明代永乐、宣德之后，彩瓷盛行除了彩料和彩绘技术方面的原因之外，更主要地应归功于白瓷质量的提高。始于宣德年间的“五彩”则是中国陶瓷彩绘的高峰，“五彩”指单纯的釉上彩。用红、绿、黄、紫、黑、蓝等各种颜料，描绘图案纹饰在以高温烧成的白瓷或已绘局部图案的青花瓷上，再经彩炉二次低温烧成，如“宣德年制”荷塘鸳鸯温婉（图 2-28）。明中叶，出现了新工艺——景泰年间创世的“景泰蓝”，主要为达官贵族制作酒器，如景泰蓝酒壶（图 2-29）和餐具。

图 2-28　“宣德年制”荷塘鸳鸯温婉

图 2-29　景泰蓝酒壶

青花瓷的空前发展，也带动了酒器的发展和演变，青花酒器传世颇多。如斗彩高士杯（图 2-30），是明成化斗彩瓷酒杯之一，杯身描绘文人雅士行乐图。“王羲之爱鹅、陶渊明爱菊、周茂叔爱莲”等为常见题材，除此之外，还有“伯牙携琴访友图”等。凡带有此特点的，均可称之为高士杯。

图 2-30　高士杯

清王朝统一全国以后，为了利于长治久安，采取了一些开明的措施。这些措施对于瓷器的生产发展具有一定的促进作用。清代普遍实行“官搭民烧”制度，康熙十九年（公元 1680 年）以后在景德镇恢复了御窑厂，无论是官窑还是民窑，烧瓷技术在明代的基础上都进一步有所提高。清代常见的瓷酒器主要有梅瓶、执壶、高脚杯、压手环和小盅等。如五彩十二月花卉杯（图 2-31），瓷器胎薄如纸、轻巧莹透、色彩淡雅、晶莹光润，康熙十二花卉杯传世颇多，其排序一般多以水仙花为首，其次为玉兰、桃花、牡丹、石榴、荷花、兰草、桂花、菊花、芙蓉、月季、梅花。景德镇作为“瓷都”的确立，使景德镇窑统治明清两代瓷坛长达数百年。而随着整个社会经济的衰退，景德镇的制瓷业也逐渐趋于衰落。

图 2-31　五彩十二月花卉杯（水仙杯）

# 第三章　近现代工业时期的白酒包装（18 世纪中期——20 世纪末）

## 第一节　赋予营销功能的白酒包装

### 一、工业时期下酒包装的环境变革

工业革命的打响拉开了“工业时期”的序幕。该时期经历了两次工业革命的洗礼，分为早期工业时期、成熟工业时期和后工业时期。其中早期工业时期始于 18 世纪 60 年代第一次工业革命开始，止于 20 世纪初期的第二次工业革命的结束，科学与技术开始全面结合，设计与生产分工明确，包装的生产方式呈现出大规模化、标准化的特征。成熟工业时期是指 20 世纪初期到 20 世纪 90 年代，此时期全球经历了世界大战的冲击，平民化的概念走进了设计领域，而 1919 年德国建立的包豪斯设计学院也提出了“设计是为人，而不是产品”的办学新观念，对抗早期工业时期的机械崇拜。本章中国白酒包装的研究重点为成熟工业时期。后工业时期是指 20 世纪 90 年代末至今，电子信息技术广泛应用为包装设计提供了更广阔的空间，后文将以信息化的时代背景予以详细分析白酒包装设计发展。两次工业革命对人类的经济、政治、文化、科学技术等方面的革新起到了巨大的推动作用，中国以手工业生产为主的生产方式被以全新的工业大规模机械化生产的生产方式所取代，包装的生产力水平大幅提高。

近现代工业时期，中国经历了帝制灭亡、民主共和、军阀混战到社会主义过度的复杂历程，白酒行业的关口大开通道，洋酒纷纷倾销入中国，但中国传统的酿酒业也没有因为鸦片战争而停滞下来，反而随着中国被迫开放而得到了一定程度的发展。[①]如生产泸州老窖的“温永盛”酒坊，其前身为泸州南城营沟头的酒坊“舒聚源糟坊”，驰名于四川，1842 年鸦片战争结束后，舒家将酒坊卖给了温家，温家进一步扩大其生产规模，开建了更多酒窖，并

① 杜锦凡．民国时期的酒政研究 [D]．山东师范大学，2013（5）：23.

收购了多家酒坊，酒窖多达十余个，远销外省。此时以白酒、黄酒为代表的传统酒业中作坊式的酿酒技术受到洋酒酿造技术的冲击较大，并开始采取机械化酿酒方式。新中国成立后，国家组织酒类科研单位、大专院校和酒厂科技人员发展研究酿酒工艺，并获得了不俗的成绩。此时，酿酒工艺被归入食品酿造科学，国内诸多高校都纷纷设置了食品酿造工艺，如大连轻工业学院、江南大学，以及后来的江南大学、四川农业大学、四川文理学院等，对中国酿酒工艺以及其发展史进行过多方面的研究。[①]20 世纪五六十年代，国家对于酒业的工商政策是以放为主，白酒在多种重大场合中得以展示，上至国家领导人的宴席，下至公司聚会庆典，都能找到白酒的身影。国家对酒业的酿造工艺发展极为重视，以提高出酒率为重点、以改进工艺操作为突破口，出版了中国白酒业第一部白酒工艺用书——《烟台操作法》。而 1958 年中国轻工业出版了《四川糯高粱小曲酒操作法》等。此时尽管生产能力上取得了一定进步，但是计划经济时期的白酒产销分离，酒厂只抓生产，不管销售，市场由政府去划分和控制，经营思想落后，仍未摆脱“酒好不怕巷子深”的束缚。

20 世纪七八十年代，中国经历了“文革”，白酒行业虽然无成就，但是也没受到太多的破坏。改革开放后，市场经济逐步扮演为主导角色，白酒行业一方面登上了国际大舞台，另一方面品牌白酒消费意识开始确立，不断扩充自己的系列产品。中国几大白酒品牌乘改革开放的春风，纷纷推出了外销版白酒。在其外销白酒的包装设计上，谨小慎微地探索。如 20 世纪 80 年代中期的洋河大曲外销型包装（图 3-1），采用传统瓶型、透明玻璃材质，为了迎合国外消费者的喜好，酒瓶整体造型风格与境外啤酒有些神似。此外，20 世纪 80 年代以来，因酿酒科学技术的迅速发展，国家名酒从解放初的 8 个增长到 17 个，白酒科技的发展为我国酒业的振兴和发展起到了巨大的推动作用。20 世纪末，在利益的驱动下很多私家黑作坊悄然而生，于是国家提高了食品药监局等相关部门的检测标准和准入门槛，以保护正品白酒不受侵害。

---

① 肖俊生，马芸芸．中国酿酒史研究的现状、问题及展望 [D]．中华文化论坛，2018（12）：145.

图 3-1　20 世纪 80 年代中期的洋河大曲外销型包装

工业革命时期的经济发展带动了包装设计的发展。工业革命的成果带来了优秀的文明成果，产生了大量的原材料和产品，各国内外贸易所交换的大量原料和产品都要经过很好的包装才能顺利进行储运和销售。此时，包装得到空前发展。首先在包装材料上，在继承了陶瓷、玻璃、金属、木材、纸和一些天然材料的基础上，研发出了塑料等新材料，促进了包装的多样化发展。其次，在包装容器上也呈现出多样化造型，包装质量较之前手工业时期有了较大飞跃，尤其在容器封口的密封质量上，出现了软木塞密封瓶口、衬有软木垫的螺纹盖及冲压密封的王冠盖等科学严密的密封形式，取得了玻璃瓶包装的革命性进步。再次，包装的视觉纹样和印刷工艺也得到空前发展，其酒标、外盒装饰纹样从简单图案到精美图案，精细的印刷工艺极大地丰富了包装视觉层次，表现手法更为多样化。

在现代科学技术支持下，包装进入全面大发展的新时期。此时期的包装不但在质量和数量上有飞快的进步，尤其在功能上也发生了显著变化。1919 年的五四运动推动民族工业发展，中国开始生产铝板。次年，包装钢桶采用自动涂漆机涂装烘干，并能进行批量生产。第三年，中国第一家机器报纸公司创建于天津，开始了我国纸板工业的发展。1931 年我国引进第一条包装生产线（啤酒包装）在青岛建成投产；1956 年我国上海成功设计并制造出第一

台包装机。1980年中国包装技术协会成立，中国加入世界包装组织WPO[①]。由此看来，包装行业已经发展成为一个庞大的工业体系，白酒包装一方面被赋予了新的设计范围，即从单纯的、狭隘的容器包装向外盒包装进化，并加入了瓶盖封口设计、防伪设计等。无论是白酒的外包装还是容器上都兼备了说明产品和增加营销价值的功能，其中酒标就是很好的体现，这些都在树立酒类品牌的过程中发挥着巨大作用。1983年3月1日《中华人民共和国商标法》正式执行，其举措预示着政府对企业及其设计的知识产权的保护，以及对虚假伪劣产品大力打压的决心。

## 二、从实用实惠到求新求异的消费者心理

工业革命促使人们步入消费性社会。消费者的行为习惯、购买动机逐渐被商家关注、重视起来。而消费者购买行为是一个复杂的行为系统，它包括消费者的购买目标、原因、时间、地点、方式和周围的评价等多个子系统。许多高校、企业的专家学者开始关注消费者心理，尤其是购买动机及行为两大方面，旨在服务于商业品牌营销。白酒商家力求针对目标消费群体的爱好、心理需求、风俗习惯、审美情趣、节日习俗等来进行设计。

20世纪的50年代和60年代，经历了战乱的中国因经济物质基础薄弱，消费者对于酒包装设计的需求仍处于实惠、实用的层面，重点注重白酒本身的质量、口感，不苛求包装设计的美观性、新颖性；改革开放以后，中国经济开始快速稳定发展，此时朴素实用却又千篇一律的包装不能满足大众消费者的需求，美观精致的酒包装受到大众的认可，尤其是青年一代对奇特、新颖包装造型开始注意。人们购买白酒，有的是出于自身对白酒的喜好，有的是社交的需求，有的是对新颖酒品及其包装的渴望，有的是对知名品牌的热衷与追捧，有的是特色地域、特殊环境下的偏好等。于是，各大白酒商家纷纷分析消费者的购买动机和购买行为，依照目标消费群体的喜好来找准白酒定位，推出概念新、设计颇具自身风格的白酒包装。如1957年国营酒厂五粮液成立，1954年“四川省地方国营泸州酒厂”成立，此时五粮液、泸州老窖特曲的酒瓶设计在造型质感上十分相似（图3-2），均为玻璃材质、“手榴弹”

① 20世纪包装100件大事[J].包装世界，2000（10）：7.

式造型，看起来朴素而实惠。图 3-2，左图所示是 1959 年推出的“交杯牌”五粮液；右图所示是泸州老窖 1961 年推出的工农牌特曲，即“国窖 1573”的前身。而后五粮液突出重围，于 1966 年推出第四代五粮液（图 3-3），尽管也是玻璃材质，但因酒瓶造型为鼓瓶型，业内人士称之为萝卜瓶。此包装一跃成了五粮液经典白酒包装，多款脍炙人口的五粮液酒品均采用了此瓶型。

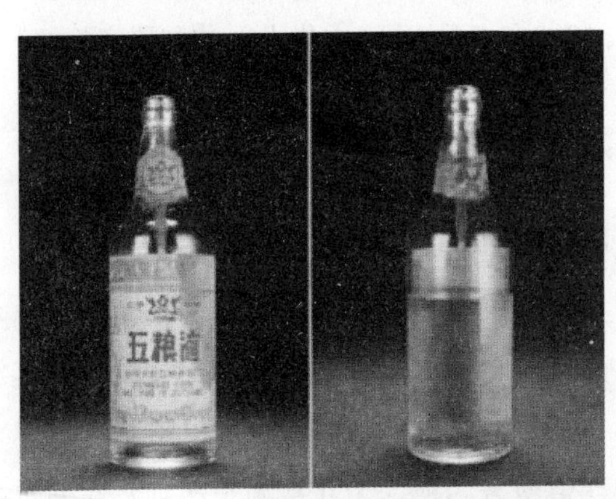

图 3-2　左图为五粮液；右图为泸州老窖特曲

图 3-3　1966 年五粮液鼓瓶型包装

## 三、崛起的品牌意识联动酒品的迅猛发展

近现代工业时期品牌意识发展迅猛，主要表现在三个方面：一是消费者对白酒包装求新求异的心理需求，尤其是一部分追崇品牌给自身带来的红利，如希望在知名酒品中得到社会地位的认可、得到周边关系夸赞的人群；二是各大白酒商家推出中低档、高档及极品酒三种类型，目标消费群体和定价是划分这三种类型白酒的依据，其中极品酒除了价格高外还限量发行，具有收藏的价值，例如 1997 年宜宾梦酒出品紫砂老酒（图 3-4）就是为了庆香港回归出的限量版；三是商家认识到独特的包装风格对于自身品牌未来立足酒行业的重要性，纷纷树立自身酒品包装的视觉风格。如泸州老窖酒业于 1959 年出版了酿酒教科书《泸州老窖大曲酒》，率先为我国浓香型白酒酿造工艺制定了标准，泸州老窖正式被行业尊称为“酒界泰斗”。

图 3-4　紫砂老酒

商家的品牌意识主要体现在商家的品牌文化故事、企业标志、企业标准色、装饰辅助图形、包装造型等要素上。在品牌文化故事上，各大商家都竞相追逐，铸造自己的历史文化故事，四川泸州老窖追溯其酒源时常与源远流长的巴蜀酒文化相提并论，为泸州老窖的历史发展寻到了直接的源头；汾酒又称杏花村酒，山西的母亲河——汾河流经杏花村，于是人们把来自山西汾阳杏花村的酒称为汾酒，其仰仗于山西汾阳杏花村的汾酒文化，酿酒历史可以追溯到

仰韶文化时期。

在企业标志上，中国白酒行业还处于自产自销时，1923 年晋裕汾酒公司注册了中国白酒历史上的第一枚商标——“高粱穗”汾酒商标（图 3-5），[①]该商标以高粱粒包围着中间的高粱穗，圆形的形态亲切、易于记忆。由于汾酒曾在 1915 年巴拿马万国博览会上荣获金奖，酒标上不仅有“高粱穗”商标，还涵盖了巴拿马大奖章图案和山西展览会最优等奖章图案作为装饰纹样，并附上了电话、地址等必要的文案信息。而后挖掘出“国酒之源、清香之祖、文化之根”的深厚历史文化底蕴，依照配料、使用功效、色泽气味口感四个条件，分别注册了“竹叶青”“杏花村”“汾”三大商标，三者分别于 1997 年、2005 年、2012 年被认定为中国驰名商标。此类举措一则完善了自身的产品线，竹叶青酒定位于保健酒，杏花村酒和汾酒依然以清香型白酒鼻祖为卖点；二则是捍卫了自身的知识产权，完善了自身的营销战略，稳固了汾酒品牌在国内一线品牌中的地位。面对时代的发展和社会需求的变化，汾酒集团以汾酒特色文化为主体。

图 3-5　“高粱穗”汾酒商标

① 田奕茹．汾酒包装的变迁研究 [D] 太原理工大学，2013（5）：14.

## 第二节　酒包装形态的系统化与个性化并存

### 一、包装形态系统化表现

工业时期的白酒包装形态较手工业时期有了十分明显的变化。其最为重要的一点是此时期包装技术的机械化生产为白酒包装的批量生产带来了红利、20 世纪上半叶包豪斯设计学院提倡“功能主义”和“理性主义”的设计理念也推动着整个包装设计行业的发展。包装上的信息需要简化成最基本的要素，包含了商品及企业的名称、商品形象、必要的说明性文字等，主张清除各种多余的视觉要素，使包装设计的实用功能与视觉表现形式高度统一起来。白酒包装设计也不例外，尤其是改革开放以后在形态上呈现出的系统化特征，根据包装功能的细化分，分为内置的酒瓶包装、外置的酒盒包装及运输箱包装三个部分。

酒瓶是装酒的容器，其造型与古代大多盛酒器的造型一样，也分自然形态和仿生形态，但应用最为广泛的是小嘴长颈玻璃容器。而后此类玻璃瓶从造型单一到局部微调再到整体变化，造型越来越丰富。如西凤酒高度酒，20 世纪 70 年代的酒瓶造型（图 3-6）与一般汽水饮品的无色透明玻璃瓶并无差异，追究此现象的原因是因为其生产周期短、生产过程方便快捷，而 80 年代的西凤酒则变得略微修长（图 3-7），90 年代的酒瓶变得更加修长挺拔（图 3-8），形成了自己的风格。

图 3-6　20 世纪 70 年代的西凤酒

图 3-7　20 世纪 80 年代的西凤酒

图 3-8　20 世纪 90 年代的西凤酒

酒盖作为酒瓶造型的头部，虽然只占一小部分的比例，但对于瓶型的形态起着举足轻重的作用。酒盖的设计一定要考虑到白酒的基本属性、消费者的行为习惯，不仅密封性、便利性、安全性要好，还要与瓶口、瓶身的比例关系适合。

酒盒是用于保护酒瓶的外包装，此阶段其造型基本为长方体（黄盖汾酒外盒为圆柱形）。同时，酒盒还要依照瓶型的高矮胖瘦来定做盒型，尤其是单支白酒的外包装需要为白酒酒瓶量身定做盒型。随着中国进入消费经济时代，人们对礼物包装的要求越来越高，出现了组合礼盒包装。在礼盒包装中，盒体除了要容纳单支或多只白酒商品外，还要容纳赠品，并考虑到要形体美观、易于提携等要素。

运输包装的重点除了保护大批量白酒的运输安全，造型上并没有过多讲究。目前，国内物流的方式有多种，主要是航空、汽车以及火车等方式，而这三种物流方式中，航空最贵，因而企业要想节约成本，就要在有限的空间内多放产品。而这就需要考虑运输包装的设计，如不规则的设计，则不利于摆放和运输。相反，如果是规则的设计，则利于摆放和设计，自然也能在有限的空间内运输更多的商品。在运输过程中，货物可能会遇到各种问题，如

刹车、路滑、天气不好等缘故，都可能导致货物损坏。运输包装设计到位，能尽可能地减少货物运输过程中的损坏，进而降低企业的成本支出。

中国白酒包装在系统化设计的进程中，由于盲目地在意酒品和包装的工业大规模生产导致包装美感缺失、同质化现象严重以及高仿假酒等问题。美感的缺失一则体现在很多中小型白酒商家直接去包装公司进行现场拼凑设计，即套用包装工厂已有的模型；二则有的商家只能提供酒瓶瓶身，忽视了酒盖与瓶身的整体造型，分开设计造型，导致设计出的形态协调性欠佳。甚至出现很多不良商家利用雷同的包装混淆视听，生产劣质假酒再灌入相似的酒瓶中，仿制正品酒销售牟取不法利益。

## 二、包装形态个性化探究

在成熟工业时期，对包装形态的个性化探究是不同商家在追求品牌差异化营销过程中采取的重点方式之一，此时的个性化探究尚是一个努力的方向，改革开放后经历了 40 多年的发展略显成效。这种差异化主要是通过不同品牌间的差异化和同一品牌下不同系列酒品来实现。

品牌与品牌间在包装造型上的差异是销售意识的形成与发展带来的竞争现象，尤其是随着超市的兴起，促使了白酒企业从重视白酒质量、价格和服务的竞争调整为对外在包装的竞争。打造自身品牌具有别具一格的造型成了国内众多驰名白酒商家的营销战术之一。这里的造型包含了酒瓶瓶身、酒盖还有酒盒。其中酒瓶瓶身决定了白酒容器的大致造型，而酒瓶瓶身的形态又是由瓶口、瓶颈、瓶肩、瓶肚和瓶底的大小比例关系所构成。如茅台和五粮液两大品牌均属于国内高档名牌白酒行业中的第一阵营，而茅台的经典圆柱造型“三节瓶”和五粮液的经典上大下小造型“鼓形瓶”都让消费者记忆深刻，即便消费者不看标志也能通过酒瓶造型在琳琅满目的白酒货架上一眼分辨出来。尤其是茅台的包装，十几年来几乎都保持着同样的造型，这种以不变胜万变的策略是对自身文化自信的表现，也体现出茅台立足中国本土白酒行业，做出民族特色、保质保量的决心。除了酒瓶以外，酒盖也不再是千篇一律的造型，开始在高矮比例上发生变化。白酒商家开始有了自己的酒瓶形态，并将酒盖与酒瓶视为一个整体，用酒盖的大小形态、材质肌理区分于同一系列白酒的不同品牌。

同一品牌下生产不同系列酒品是不少大型白酒商家在营销策略上的一大创新。为了夯实、提升自己在白酒行业的地位，满足消费者喜新厌旧的心理，彰显自身品牌实力，商家纷纷注册多个品牌，扩充自己的产品线，推出多个系列。如茅台于 1952 年成立国营茅台酒厂后，相继推出了工农牌、车轮牌、金轮牌、飞天牌、五星牌、葵花牌等品牌。其中外销品牌五星牌是金轮牌的升级版，而后被国外认定含政治色彩，由外销品改为内销品。1958 年的五星牌茅台（图 3-9）和 1961 年的飞天牌茅台（图 3-10），两者均为外销品，虽然外形上看似类似，但是实质上却略有区别。类似是因为同属于一个品牌，而后者推出的时间略晚几年，造型矮而敦实，更有厚重感，同时还配有红色的细带，与飞天牌的外销定位一脉相承。而国内白酒销路一直处于领先地位的五粮液也于 20 世纪 80 年代末推出了寿星瓶五粮液和熊猫瓶五粮液。二者均为极品类型，造型复杂，小巧精致，限量版销售，具有收藏价值。前者采用的是自然形态，即熊猫抱竹子的造型，熊猫腹部印有五粮液的标志；后者则采用的是人文形态，即寿星左手拿桃右手杵拐杖的造型，瓶底印有“幸福长寿专用”字样。

图 3-9　1958 年外销五星牌茅台酒

图 3-10 1961 年外销飞天牌茅台酒

茅台酒的变化比较小，但有的酒品牌却是在其包装发展中逐渐建立起自己的视觉形象，探索具有自身形象特征的包装形态。如剑南春 20 世纪 70 年代以前都是圆形玻璃瓶，在 70 年代和 80 年代后期剑南春出现了方形和莲花型玻璃瓶（图 3-11），并配有底座。其中方形瓶为多棱方形玻璃瓶，瓶靠下部分略收拢，伴有条纹肌理，欲区别于市面上其他品牌的酒瓶，但这种鱼尾式造型却意外与 20 世纪 60 年代洋河大曲的圆形美人瓶雷同；而莲花型玻璃瓶，取莲花的美好寓意，将莲花造型融入酒瓶上半身，含苞待放的莲花花蕾造型下仿佛聚集了白酒的浓郁芳香。20 世纪 90 年代多种风格的包装齐头并进，传统的方瓶、莲花瓶与瓷瓶都各有发展。21 世纪后的酒瓶形态基于这两大酒瓶风格做了优化，线条更流畅，造型更圆润饱满。

图 3-11 左图为 20 世纪 70 年代剑南春酒瓶、右图为 20 世纪 80 年代剑南春酒瓶

## 第三节 白酒包装结构里的奥秘

### 一、内包装容器上的结构

前面提过对白酒容器上结构关系的设计与密封性、安全性、便利性及成本有关，但首当其冲的是为了白酒的容量而设计。由于白酒中含有大量的易挥发物质，因此白酒的密封方式极其重要，其中密封的关键点在于瓶盖结构的设计；安全性则体现在酒瓶与外盒间缓冲结构的设计；便利性体现在人们开启酒或打开包装的方式；成本则与材料、印刷工艺直接相关，这将在后面详细论述。

在成熟工业时期，从结构这一维度来分类，白酒瓶盖常见的造型有旋转式、活塞式两种，同时还采用辅助材料如保鲜膜、生料带、特种线或者布进行强化密封。其中，旋转盖也称滚压盖，它是指金属或塑料材质的螺旋盖的螺纹为滚而压制成型，盖内采用延展性好的材质制成内衬，并套在带有外螺纹的瓶口上。旋转式瓶盖可以用手按照正确的旋转方向，一般是逆时针方向将瓶盖打开。旋转式瓶盖的盖顶多为平顶，构造简单、成本低。活塞式瓶盖内置于瓶颈中，凭借塞柱上的凹凸螺纹肌理将酒瓶密封起来，这种肌理中有的是梯形结构，往往塞盖后再进行第二次密封，塞盖可以直接拔出或旋转扭出。

密封性的好坏不仅是对酒易挥发属性的保护，也是对品牌专利产权的保护，即品牌的防伪需求。由于瓶身和瓶盖都可以被回收再利用，这就给造假者带来了活动空间。消费者要辨别白酒包装的真伪，需要对防伪的理论知识和技术原理有一定的了解，并有意向拨打防伪电话，去查询机查询对比等。而后出现了瓶型结构上的一次性破坏性防伪技术。该技术的核心优势是酒瓶一旦打开不可重复使用，如借助瓶盖塑料、铝合金的材质特征采用开瓶毁盖技术致使瓶盖破坏后不再具备密封包装功能。

### 二、外包装盒中的结构

酒包装中有普通单支包装、组合礼盒包装、运输包装等。但归根结底是

围绕着内部容器的形态、数量、种类和功能来设计其结构，最终从开启方式与防伪结构上来创新。

普通单支酒盒的开启方式是以“盒”为形态的开启方式，盒类包装又分为盒盖、盒身、盒底三个部分，其中盒盖与盒身的连接方式决定了白酒外包装的打开方式。在单支酒酒盒中以管式摇盖式和掀盖式居多。摇盖式的开启方式是向上摇起，盒盖和盒身的一面连接在一起，盒身的一侧面有粘口，盒盖直接盖住整个盒身，盒体展开后的结构为一个整体，顶部盒盖有插舌，此类型结构简洁，经济实惠。掀盖式也称之为天地盖，其盒身与盒盖分离，上盖住盒底或盒身顶部小部分，该结构纸材厚实，常应用于单支白酒的精装礼品包装。

组合礼盒一般是指多只白酒式用途相关的商品搭配在一起的配套包装，或若干相同产品包装在一起的多件包装。组合礼盒为了便于消费者更直观地看到商品的样貌，在摇盖式、掀盖式的结构上进行了创新，如常使用一张纸板，剪裁、折叠成两个大小相同的管状盒，形成组合状态。还有一种是 20 世纪末出现的天窗式礼盒包装，这种礼盒将在后文中详细介绍。无论是以上哪一种盒型结构，为了安全，盒底均会以锁口黏合的方式来保证酒容器的安全。这里的锁口含插口、插锁、插入、摇盖双保险插入等形式。

在设计酒盒时还会留有一些支撑结构以保证酒瓶与酒盒之间不会相互碰撞，起到承载、固定酒瓶位置的作用。该结构放置在包装盒中，有的为底座，有的为可活动拆卸的流体结构，还有的在外包装盒一侧的插舌上打孔以起到固定作用。常见的底座设计中有凹槽，使得酒瓶与包装盒的剩余空间减小，当酒盒遭受外力撞击时，酒瓶不易破碎。常见的流体结构为弯折的纸板（后续发展为塑料或铝箔），粘贴在盒内壁，有时还会涂有黏合涂料，以加强保护性能。此外，为了提携方便，不少品牌会在纸盒边缘打孔穿绳（带）加一个提手，或是外部套一个纸袋。

运输包装和销售包装的区别在于，它是为了满足远距离长途运输需求，因此，运输包装实用性较强，外观简洁。它的主要作用是保障产品安全，尽可能降低运输过程中产品的损坏。运输包装内一般会装置 10 余瓶甚至更多销售包装的单支包装或礼品包装，因此其体积较大，多采用双摇盖式开口方式，方便储运装卸。

## 第四节 白酒包装材料与工艺的多元化

### 一、内包装的材料与工艺

从古至今，我国白酒包装的材质经历了由自然材料到人为精细化材料的演变，近现代工业时期在包装材料的选择上更是逐步提升，可以完全脱离天然材料，以使用人工合成材料为主。改革开放以来，市场上的白酒包装材料可以概括为两大类：一类是前文中提到过的天然材料，如麦秆、木材、竹、藤等；另一类是人工材料，主要包括玻璃、纤维、塑料材料等多种材料。酒瓶的材质多样，常见的有玻璃酒瓶、塑料酒瓶、陶瓷酒瓶等。随着各国对生态环境问题的关注，包装行业的绿色发展与环保工作已经成为政府和包装行业日益重视的问题。所以选择对环境友好的可降解材料也是近几年包装设计行业必须思考的一大重要命题。

现代酒瓶的材料大多以陶瓷材质和玻璃材质为主，其中玻璃材质最为常见。追究其原因是因为玻璃是非晶无机非金属材料，清末传入中国，具有透明度高、耐腐蚀性强、良好的阻隔性能等特点，且能很好地阻止氧气等气体的侵袭，酒液不易变质。但受中国传统审美观念的影响，中国人对陶器和玉器的偏好，在玻璃材质流入中国之初，都用于仿效陶器和玉器的效果，透明度偏黄或偏绿，未将其通透性的性能充分发挥。进入工业时期后，玻璃瓶适合自动灌装生产线的生产，国内的玻璃瓶自动灌装技术和设备发展也较成熟，采用玻璃瓶包装在国内有一定的生产优势。因玻璃瓶可多次重复回收利用，降低包装成本的同时，也促进了我国的可持续发展，符合国家政策。白酒企业选择玻璃瓶的另一大重要原因就是玻璃的透明度高，可更好地展现酒液清亮的状态，增加产品附加值，促进消费。如 1989 年出产的五粮液晶质圆通瓶（图 3-12），其采用透彻清明的玻璃瓶做包装，造型独特。且玻璃材质的一大优势便是阻隔性能良好，可以有效地防止酒液渗漏和挥发，为酒液的长久储存提供可能。

图 3-12　晶瓶五粮液

玻璃的原料以石英砂为主，常见的玻璃材质为硅酸盐玻璃加工而成，其制作工艺分原料调和、熔融和成型加工三个步骤。首先，原料加上其他辅料在高温下溶化成液态，再注入模具，冷却、切口、回火，最后制作成玻璃瓶。玻璃酒瓶按照成型方式可以分为吹制成型和挤压成型两种。吹制成型又涵盖了人工吹制和机械吹制，其原理是高温加热软化玻璃，再人工导入空气，使其内部呈现镂空状态，最后根据需要进行精细化加工塑形，该类型灵活性高，可制作形态复杂的酒瓶、酒杯。挤压成型主要依靠机械外力，其原理是将经过高温加热的玻璃原料碾压成所需要的形状。无论是哪种成型方式，后续制作成型的玻璃酒瓶毛坯，都需二次加工，在外观质量和视觉效果上进行美化。

陶瓷与玻璃材质的力学原理类似，它是我国白酒包装多用的一大材质。选用陶瓷材质首先是因为其成本低，然后取材方便，生产工艺简单成熟，受到大众青睐。陶瓷酒瓶贮存白酒，有利于减轻杂味。陶瓷材质的酒器在我国有着广泛而深厚的社会基础和象征意义，历史气息浓厚，瓷质酒器至今仍是我国酒文化的主要载体。较之玻璃，因其材质较之玻璃导热慢、避光性强，使得酒瓶中的酒温相对稳定，白酒不易变质，尤其适用于酱香酒的包装。原因是长时间储存后的酱香型酒液会出现偏黄、且有悬浮物。此外，陶瓷材质上的装饰手法丰富多彩，选用陶瓷或陶瓷涂料的材质不会影响美观，还能在酒瓶外壁上绘制精美图案。

陶瓷制造工艺精湛、艺术表示形式多样、收藏价值极高，可以提升产品

的品位和文化内涵，主要表现在以下三点：一是由于其便于任意创作，所以陶瓷瓶呈现出形式多样、造型丰富的特点。二是陶瓷上的彩釉艺术能大幅度提升该酒品的艺术品位和文化内涵。通过调解陶瓷瓶所用原料中着色元素的多少，来产生出红、黄、白等多样化颜色，再通过阴刻、阳刻设计配以图案和文字，便可以制作出一件精美的艺术作品。如产自 1957 年的金轮牌外销贵州茅台酒白瓷瓶（图 3-13），以绿色为基调，主要图案是左右两位飞天仙女献酒，此图取材于中国敦煌壁画。两边和下面有若干莲花纹饰，这也是古代以佛教题材为主的敦煌壁画中常见的风格。背标中部是一幅山水画，被文字覆盖，绘画者是黎葛民，图中有签名“葛民”和印章。这瓶酒最大的意义在于，其背标的“飞仙献酒”图案，启发了后来将敦煌壁画的飞仙图案用于出口商标，即“飞天牌”商标。三是陶瓷酒瓶含丰富的微量元素，烧制陶瓷酒瓶的原料都是天然矿物质，它含有钙、镁、钾、钠、铁等元素，对人体健康大有裨益；四是陶瓷酒瓶具有使用的一次性特征，瓶盖一般都精心设计了槽口，消费者要想享受瓶中美酒，必须使用金属件凿破酒瓶盖（陶瓷质）。这样一来，避免了不法分子完整地回收该陶瓷酒瓶灌装劣质假酒危害消费者。如 1954 年车轮牌贵州茅台酒采用的就是土陶瓶（图 3-14），利用陶瓷的材质属性，在封口处做了一次性破坏防伪的结构，从里到外依次为：软木塞、猪尿脬皮、封口纸，较好地维护了消费者的权益。

图 3-13　“金轮牌”茅台酒

图 3-14　车轮牌贵州茅台酒

现代白酒酒标主要通过纸质材料的古色古香、金属材料的理性稳重、塑料材质的多变等体现材料的质感与美感。但由于白酒包装材质和印刷技术的不断升级，采用纸质酒标的产品越来越少。酒包装中的防伪标对材质的选择要求相当高。防伪标签又称防伪标志，酒类产品的标签分为纸标（材质一般是铜版纸和易碎纸）和激光标，即不干胶纸质标签和激光全息标签两种。不干胶标签也被称为自粘标签、即时贴、压敏纸等。是用纸张、薄膜或特种材料为面料，并在其背面涂有黏合剂，底纸用复合材料的硅油保护纸。并经印刷、模切等加工后成为成品标签。在使用时去掉底纸，便可贴在各种包装材料的表面，也可以使用贴标机在生产线上自动贴标。为保证标签不被二次盗用，在加工时铜版纸材料标签都要模切出刀花，以便从瓶盖上撕下来以后不完整，不可二次使用。还会应用各种防伪油墨印刷，防伪油墨一般需要和其他防伪技术综合使用，如温变、荧光油墨印刷等。还需印制防伪，使用团花等图案及凹版印刷、折光潜影技术等。另外，还可以使用的技术有：在防伪码中进行短信、电话等查询，或是在丝印中加入刮刮乐涂层，刮开涂层后，输入查询码即可查询。满足顾客的防伪需求，是设计防伪标重点考虑的因素。酒类标签防伪技术的创新主要体现在材料、工艺及技术的延伸与创新上。

酒盖，中低档产品以白铁皮、塑料盖为主；高档产品则主要选择豪华金色铝盖。酒盖在形制上可分为两类，一种是铝防伪瓶盖，另一种是组合式防伪瓶盖。20 世纪 90 年代末，受生产水平限制，铝防伪瓶盖发展不成熟，采用塑料盖结合包装，这种组合式防伪瓶盖曾一时大受热捧。如 1993 年诞生的晶质圆通瓶五粮液，它采用了铝盖与塑盖两种封口技术。1994 年 1 月 1 日起，五粮液采用隐形喷码技术，在萝卜瓶以及晶质型五粮液瓶上使用暗喷。1995 年“三防盖”（图 3-15）应用于晶质多棱瓶五粮液，1998 年“三防盖”又应用到了水晶圆桶瓶五粮液之上。

图 3-15　三防盖

## 二、外包装的材料与工艺

产品外包装材料总结下来应用的有以下四大类：纸质包装、木质包装、塑料包装、麻袋与布料包装等。为美化包装视觉效果、吸引消费者眼球，在包装上也会结合不同的印刷方式来适当增加后期的工艺效果，如镭射光、烫金、烫银。

纸质包装是白酒企业最常用的包装材料。纸质材料具有便携、可塑性强、轻巧、经济、环保等优势，可在表面印刷各种图形。做酒包装的瓦楞纸、卡纸、

铜版纸、纸板、植物羊皮纸等。其中，瓦楞纸是白酒运输包装箱中常见的应用材料，它是由面纸、瓦楞芯和里纸三层构成的，其特点是方便回收再利用、成本低、具有良好的缓冲性能、抗压性能和印刷装饰性，但仍需注意防潮、防霉、轻拿轻放。瓦楞纸有单面瓦楞纸和双面瓦楞纸之分，根据尺寸大小可分为A、B、C、E四种，其中E型瓦楞纸单位长度瓦楞又细又薄，缓冲和耐冲性能好，易开槽切口，可精美印刷，因此常被用于销售包装。

同时，由于纸质包装有易潮解、易破碎、储存温度要求高等缺点，所以传统的纸材被新兴功能型纸质品所替代，如脱水包装纸，能够抑制酶的活性；耐水加工纸则加强了对纸包装的耐水性，降低纸包装对环境因素的要求。

木质包装材料是指用于商品支撑、保护或运载材料的木材和人造板产品等木质材料。木制材料属于天然材料，具有分布广、蓄积量大、取材方便、可回收利用的特性。木质材料加工方便，通过加工可呈现出不同的包装造型。由于其成本高，且我国森林资源相对匮乏，在白酒包装中使用较少，若大量使用木材会破坏生态环境，与国家政策相违背，因此并不提倡。此外，木质包装材料易携带森林病虫，用于酒包装中若控制不当则会产生严重影响。现如今取而代之的则是木材的深加工产品——人造板，其经干燥、热压等深加工工艺生产制成。可以根据不同的湿度环境来精确设计其结构载荷等级，发展前景广阔。

塑料包装是指将塑料材料进行重塑加工。塑料是一种人工合成的包装材料，主要材料为合成或天然高分子树脂。塑料材质较硬，所以在加工时需添加各种助剂，在高温和压力下具有更好的延展性，冷却后可以固定其形状。塑料材料制造成本低廉，可以提高酒企业生产利润。塑料本身具有耐用、防水、质轻等特性，可塑性强，易于加工，着色后，不易变色。五粮液在1987年以前使用的基本都是塑料瓶盖及木盖，如1986年推出外销麦穗瓶W标五粮液（图3-16），瓶盖使用了白色塑料盖，微透明、略有光泽，白色塑盖加封膜的工艺密封性强。但使用塑料包装有利也有弊：一是塑料本身是由稀缺资源石油炼制而成的；二是塑料燃点低，燃烧时会产生有害气体；三是塑料不易降解，且回收困难。从可持续发展的材料选择方面看，塑料材料不利于环境保护，也不利于白酒行业的长期发展。

图 3-16　麦穗瓶 W 标五粮液

麻料和布料一般是用于点缀在白酒外部销售包装上，烘托出古朴、柔和的白酒形象气质。麻料常以袋的形态出现，由粗糙结实的粗麻布制成。麻袋轻盈、实用，而且它无毒、无害，有利于环保。按原料可分为黄麻、剑麻、驻麻等，其中黄麻因其纤维坚韧，编织成麻袋，其牢度及耐磨度比较高，且纺织的工艺不复杂，有利于大批量生产，也可多次反复地应用于销售包装中。如 1987 年大师黄永玉包装设计的酒鬼酒（图 3-17），外包使用麻袋材料，具有典型的湘西特色，透露出一种朴拙之美。

图 3-17　酒鬼酒

布料是装饰材料中常用的材料，有棉布、麻布、丝绸、呢绒、皮革、化纤、

皮革、混纺之分。在白酒包装中多用黄色、红色绸缎作为局部装饰，常见于酒瓶瓶口塑封和酒盒内部装饰。白酒企业主要借此来烘托白酒的格调，提高档次，给消费者展现高端大气的视觉效果，吸引消费者的目光。如 1986 年出产的洋河大曲美女瓶（图 3-18），瓶口处便以红色绸缎做装饰，衬托出白酒高端大气、尊贵优雅的气质。

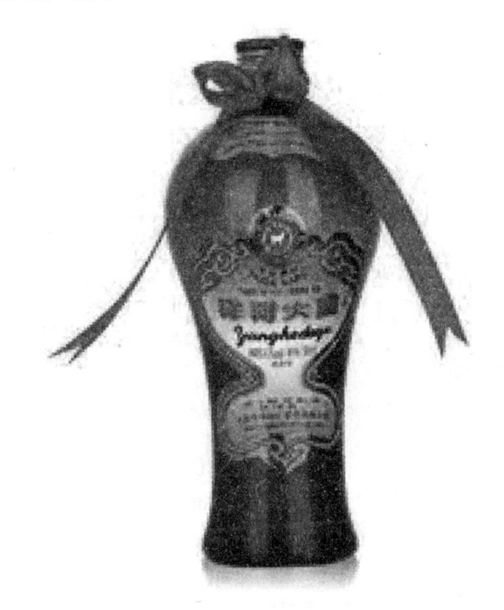

图 3-18　洋河大曲“美女瓶”

## 第五节　品牌意识下的白酒包装视觉觉醒

### 一、视觉元素的品牌化

近现代工业时期，白酒品牌意识的觉醒是从其包装上的视觉元素的设计拉开序幕的。这里的视觉元素包含了包装中所涉及的商标、装饰纹样、色彩、文字及版式。

商标是一个白酒品牌的核心要素。优化商标设计是酒商品牌化的重要措施之一。中国白酒品牌在商业化进程中，也在逐渐精致自己的商标图案，根据时代特征和消费者喜好循序渐进地微调。如洋河大曲，中华人民共和国成立后所注册的商标有“洋禾牌”“洋河牌”“敦煌牌”“美人泉牌”四种。

其中“洋禾牌”商标（图 3-19）出现的最早，图案来源于吕洞宾骑羊的传说故事，由一只小羊与两支禾穗环绕而成，无文字，此图案一直延续至今。而后商标图案没变，但为商标增加了书法体“洋河”二字，同时还增加了“洋河大曲”的商标标准字，“洋河牌”正式确立。“敦煌牌”是收藏界力捧之作，除了“洋河大曲”的字体更加硬朗外，其商标图案类似于后文中的装饰纹样，图案借用了敦煌艺术中的飞天仙女。“美人泉牌”是江河图与一美女的剪影图。

图 3-19　洋禾牌商标

装饰纹样依托于酒标，酒标即酒的标识，是为了便于识别、传递信息、促销产品而标贴在酒瓶之上。酒标刚出现时，上面的信息并不像现在这样全面，只有酒名而已。有证可寻的早期白酒酒标，是中华人民共和国成立以后茅台、汾酒等白酒酒标，上面印有商标、酒名和酒厂信息。如红星牌汾酒的杏花村酒标呈长方形（图 3-20），土纸上印有“商标注册”“杏花村汾酒”“山西特产”及“山西省专卖事业公司”“汾阳市杏花村出品”的字样；图形上印有红星标志，点缀些许杏花的杏花树，一轮明黄的圆月，而“山西特产”字样下方还印有被高粱图形包围的山西地图剪影。当汾酒一举拿下巴拿马金奖后，20 世纪 50 年代杏花村汾酒酒标（图 3-21）立即在原有的纹样上添加了巴拿马奖章图标，而原有的红星牌则未见踪影，可见当时人们对白酒品牌的重视程度。虽然当时的酒标视觉语简朴而古老，但人们可以通过酒标了解白酒的重点信息，通过零散的图形便能感受到品牌白酒的魅力。而后酒标在其发展中，被人们赋予了“白酒身份证”的功能，酒标上不仅有香型、年份、产地等要项，还会有酒精含量、甜度、检定号码、酒章、商标、优良商品凭

证等信息，表达了不同的内容和主题，也传递了人们的审美和情感态度。除此之外，精致的酒标还具有一定的收藏价值。收藏酒标和收藏其他藏品一样是一种高雅的娱乐活动和艺术享受。酒标的经济价值与邮票一样，主要取决于制作年代、数量、设计的精美程度，人们希望拥有的心理品相等相关因素。随着工艺技术的发展，酒标逐渐被数字印刷技术改进到瓶体上的印刷，但瓶体上的标识信息仍遵循了酒标的基本属性。

图 3-20　早期红星牌杏花村汾酒白酒酒标（获巴拿马金奖前）

图 3-21　获巴拿马金奖后的 20 世纪 50 年代杏花村汾酒酒标

在装饰图形纹样上需体现出产品的特色，同时兼顾消费者的欣赏习惯。

对于一些老字号的企业来说，标志性的图形纹样设计是他们传达信息、品牌信念的一种媒介。中国在近现代工业时期，设计理念较为落后，中华人民共和国成立后的很长一段时期对酒包装设计的概念仅仅停留在平面装潢领域，包装设计成了酒标上的绘图设计，一味地仿古、片面追赶潮流，在设计风格上千篇一律。改革开放后，西方外来酒包装的影响、外销酒品的需求和国内白酒营销市场的需求对酒盒上的包装装潢也有了跨越式的发展和影响。从平面装潢变得立体，设计形式多样，更重要的是不同香型、不同品牌、不同档次的酒品的图形元素也不一样。文化故事与图形之间的联系逐渐密切，将品牌、创始人、产品等包装成故事，使品牌更生动鲜活。如五粮液中的五粮是指高粱、大米、糯米、小麦和玉米，因此其酒标（图 3-22）上的装饰纹样以这五种谷物为原型，勾勒出五谷丰登的图形，寓意该品牌的酒品是凝聚了五种粮食的精华。此图形广泛地应用在各大系列酒品中，视觉识别性极高。

图 3-22　1991 年五粮液酒标

在酒包装的色彩上，需要尊重中国人的色彩喜好，并与企业视觉形象里的色彩基调一致。而企业标准色则是不能轻易更改的，这关系到品牌定位，利用色彩的情感属性来彰显品牌自身的性格。中华文明孕育了中国人的红色情结，在中国，红色寓意着一切美好的事物，国人习惯用红色来表示民族风貌；而黄色自古代表着尊贵受中国传统文化的影响，国人在潜意识中也较喜

爱这两种颜色。所以在酒行业中，白酒包装多用红色和黄色也是迎合国人的需求，但色彩的色相、明度、纯度不同，或是与其搭配的其他色彩不同，所带来的气场都大不相同。如汾酒的国藏汾酒系列和泸州老窖的 U 窖 52 度系列（图 3-23、图 3-24），其中，国藏汾酒是国家博物馆唯一珍藏的中国名酒，价格不菲，其包装采用了沉稳大气的深红色，并采用沙金加以包装，彰显出酒品典雅古朴而且华丽高贵的气质；而泸州老窖 U 窖尽管也采用了红色，但在色相上与前者有所区别，偏朱红，比较平民化。同一香型、不同品牌的企业标准色不一样；同一品牌，不同档次、不同系列的酒色彩也会不一样。色彩的定位就是要传递品牌，传递这一系列的文化、特点和诉求，同时对于同一系列酒品，不同档次还要有较高的辨识度。如郎酒的青花郎、红花郎等系列（图 3-25、图 3-26），色彩各不相同。主要用于商业用酒的青花郎采用了正宝蓝色釉色，牡丹穿枝图案结合宝相花，以 24K 沙金烧花及压边，显得尊贵祥瑞，透明的外盒与用沙金描绘的青花郎字样相结合，给人一种通透感，既能彰显内涵又能给人以良好的视觉享受；主要用于婚庆酒的红花郎选用了纯正的中国红，一片喜庆，完美表现了红花郎酒品的独特韵味，被不少消费者视为心中的“幸福酒”。

图 3-23　国藏汾酒

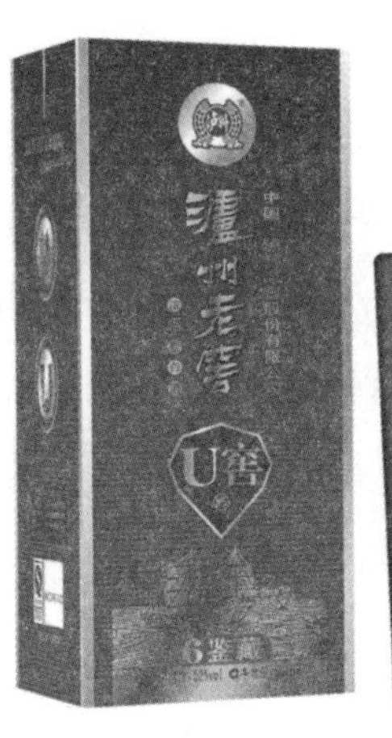

图 3-24　泸州老窖 U 窖

图 3-25　青花郎

图 3-26　红花郎

白酒品牌意识的觉醒还体现在自己的文案及字体上。此时不少品牌都纷纷有了自己的广告语。中国近代广告的出现，是与外贸在华倾销时相伴随的，如报纸、杂志等均成为当时新兴的广告形式。原本坚信“酒香不怕巷子深”的国内民族企业，受到外国商行的影响，也渐渐效仿他们注重广告的作用。广告的重要组成要素——文案和图画便成了大家关注的重点。于是，许多白酒品牌都开始着手于自己的广告语，篇幅长短不一，文案或雷同或没有，但白酒行业的广告意识开始萌芽。实际上中国酒类广告自古有之，《韩非子·外储说右上》中提到“宋为酒甚美，悬帜甚高”，寥寥数语足以表明当时的酒馆讲究服务、注重品质。对应到近代时期酒瓶上的文字、信息内容都是酒的标识。如舍得酒的字体借鉴中国的传统文化书法颜楷（图 3-27），传说二字出自书法家牟怀斌先生之手，笔力刚健雄壮、浑厚开阔、布局充实、大气磅礴，与“舍得”词义所表达的人生大境界可谓贴切万分。整个包装上无多余的图形装饰，文后浅色线条米字格纹清晰自然，二者浑然一体，文即图，图即文，别有一番韵味。

图 3-27　舍得酒

酒类广告的觉醒使我国酒类市场竞争日趋激烈，酒类的包装各具匠心。越来越多的设计开始借鉴民族优秀传统文化，从传统书法中汲取养分，将书法元素运用到设计中，这样的包装很容易唤起人们的亲切感和自豪感。书法字体经过长期演变和发展逐渐形成了楷、行、隶等多种字体。每个字体各有其特色，如楷书端庄、行书流畅、隶书秀美，所以字体上的选择也要和酒的地域文化特征相匹配。包装上的文字并非单纯的书法展示，而是要展示品牌的思想和定位，且能与消费者产生共鸣，从而引起其购买欲望。

包装的版式设计是根据视觉传达的原理，将图形、文字、色彩等设计要素，按照一定的规律与法则进行编排组合。图形、文字、色彩是包装版式设计的主要要素，在具体白酒产品的包装版式设计中主要包括品牌名称、商标、标准色、标注字体、酒香类别、质量等级、净含量、配料清单、酒精度数、条形码等。包装版式一般由一个或多个版面构成，如常规的纸盒包装一般有六个版面：前、后、左、右、上、下。每个版面因其在整个版式中的位置不同而有具体的不同地位，它们分别承载着不同的设计元素，各个版面相呼应，具有相对的独立性。产品要在有限的时间内吸引消费者的注意，这就要求版式设计要符合消费者的阅读习惯。如将茅台酒纸盒包装展开（图 3-28），能清晰地看到其版式设计，标题文字进行了简单、统一的字体变化，倾斜排列，同时其他文字、图形采用了左右对齐、居中对齐，使整个版面保持了相对平衡的状态，也符合人的视线从左到右、从上至下自然的流动方向，给消费者以严谨、有序的视觉感觉。整体色彩看上去都相当舒服，既突出了主题，又使版面更加融合。

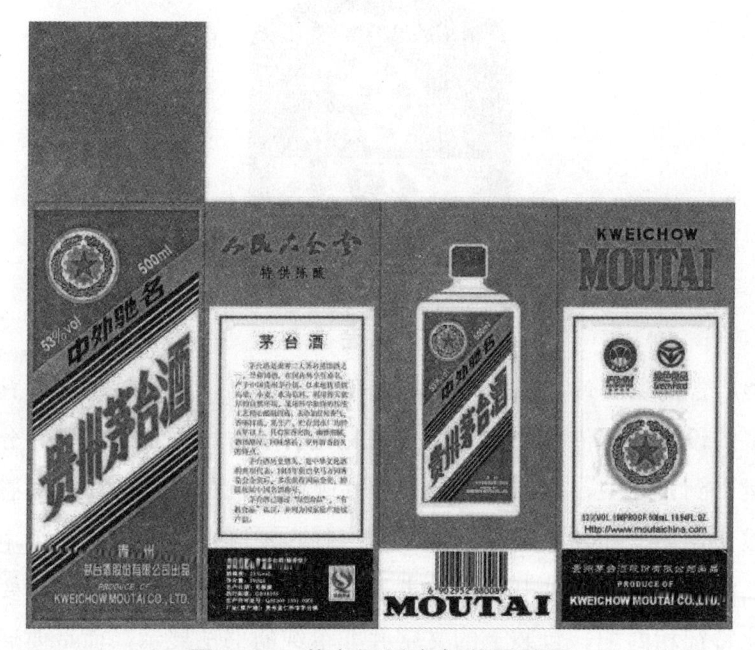


图 3-28　茅台酒纸盒包装展开图

## 二、视觉元素精致化

随着工业技术水平的提高，人们对酒包装的形式美感要求日益提高，尤其是在装潢图形、色彩、版式上都会直接影响消费者的购买欲望。粗制滥造、毫无特点的视觉元素不能引起消费者的任何兴趣，甚至会招人反感。此时，就连产品的基本信息都需要经过设计转化成图形元素来传达。此时，包装必须要得到消费者理性与感性上的双层认同，而感性上的认同就要通过视觉元素的设计来完成。酒包装上的视觉元素能够唤起人们的感性部分，如印象、记忆等，与人形成感官交互，从而促进销售。我国的白酒文化源远流长，随着时代的发展和变迁，白酒包装的视觉元素也随着酒文化的发展而变化。尤其是近现代工业时期的到来，我国的社会政治、经济、文化、技术等方面发生了巨大的转变，加上品牌意识的觉醒，许多酒企业愈发注重酒包装的设计。

因而视觉元素越来越精致化，而其精致化具有两大特点：一是具象图形抽象化、意向化；二是已有图形的艺术化、精致化。

改革开放以后，人们的思维更加活跃，加上西方外来文化的交流影响，酒包装上的设计元素更加多样化。在白酒包装的视觉元素中，图形表达趋向抽象化，抽象化的视觉元素单纯地表达产品的感觉和意念，具有深刻的内涵和神秘的意味感。20 世纪 60—70 年代，敦煌莫高窟与飞跃式发展的国家经济建设等成了时代的标签，如敦煌飞天图、具有经济建设重要成就的南京长江大桥都当仁不让地成了标志图，于是出现了“飞天标”“长江大桥牌”的酒标。如洋河大曲酒标在“文化大革命”时期的图形为标志性建筑——南京长江大桥（图 3-29），图下文字的版式反映出了当时中规中矩的设计风格，无商标，具象的大桥插图显得严谨而写实，毛主席语录字样和冉冉升起的太阳具有浓厚的时代特征；而到 80 年代，38 度洋河牌洋河大曲酒标中的版式则显得简单很多，视觉层级丰富一些，不仅是上下版式，还出现了前文字后底图的图层关系，图形中描绘了飞天仙女在祥云环绕下翩翩起舞的景象，这都是通过品牌意象演变而来的抽象图形（图 3-30）。

图 3-29　“文化大革命”时期的洋河大曲酒标

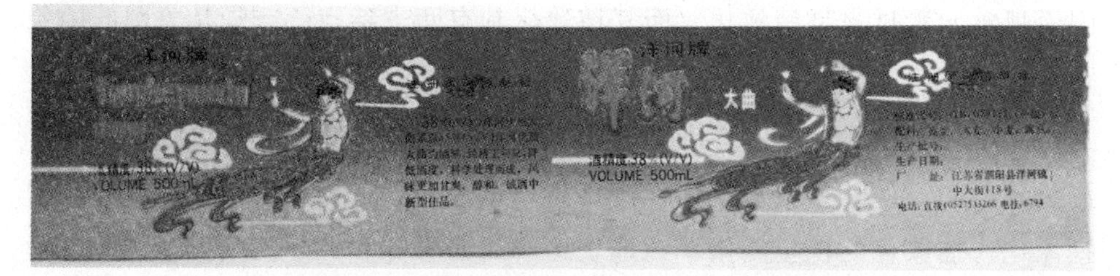


图 3-30　20 世纪 80 年代洋河大曲酒标

人们在接受产品信息的同时，更想得到视觉和精神上的艺术享受。这个时期的白酒产业在视觉元素上存在着化繁为简的趋势，并且随着经济的发展，消费者对功能需求之外的艺术观赏需求增加。在一个品牌的发展过程中，会在原有图形纹样的基础上不断融合时代文化背景，从而创新出新的图形，对原有视觉元素进行优化。其中作为国之瑰宝的五粮液，在“文化大革命”时期分别出现了红旗牌、长江大桥牌、交杯牌和优质牌，这些品牌包装设计都有一个共同点，即始终围绕“五种粮食”发展变化。到 20 世纪 80 年代，出口的五粮液包装设计逐渐丰富，并出现了“W”形的几何图形。到 90 年代主要销售的是优质牌和 1992 年的“W”牌，在这一阶段，随着工艺技术的改革，五粮液的瓶身、瓶盖、颈标和瓶标相继发生了改变，包装设计显得更为精致，注重局部细节的改良。此阶段还出现了五代“长城”，其最大特点就是红红的外盒上印有雄伟的长城图案，堪称经典，并且尝试运用新工艺与新材料，而外销盒颜色以红色和黄色为主。

此外，色彩搭配的层次性也会产生不同的美感，如董酒的酒标从 20 世纪 50 年代的蓝红白色调到 60 年代的蓝白渐变加红色搭配，再到 70 年代的红黄白色搭配，进而到 80 年代的蓝白金色搭配与红白金色搭配同时出现。1981 年的蓝白金色搭配的董酒俗称“蓝董”（图 3-31），1983 年类似蓝董的白底橘红色酒标的董酒俗称“白董”（图 3-32），两种酒标上的书法体“董酒”二字采用了烫金工艺，丰富了视觉层次。此外，两者的瓶盖也从白色塑盖到铝旋盖，借助材质的固有色来提升产品的档次。

图 3-31　1981 年 蓝董

图 3-32　1983 年 白董

# 第四章　信息时期的白酒包装（20 世纪末—至今）

## 第一节　多重文化时域下的“互联网 +”白酒包装

### 一、从线下走向线上的白酒包装

信息时期的白酒包装有四大特点。一是信息化技术的改造对白酒包装领域产生了重大影响，白酒行业和包装设计行业均向自动化、信息化、智能化、敏捷化发展，生产效率得以极大提高，管理模式越发科学合理，如 2019 年 12 月泸州老窖智能化包装中心正式开工；二是伴随着信息技术互联网的发展、崛起，信息传播方式多元化、碎片化、全球化、互动性强，人们的社交行为由线下的现实生活走向了线上的虚拟交流，众人聚会饮酒的场景被个人饮酒酒的行为突围，三是白酒的营销模式颠覆了传统线下销售的单一渠道，线上口碑评价尤为重要；四是包装设计的设计水平得以大幅度提高，包装制作的工艺越发精湛、智能化。互联网的发展对每一个行业的冲击都巨大，依照互联网传播方式，本章将其划分为三个阶段。

首先 20 世纪 90 年代中期到 2010 年，处于传统互联网的高速发展阶段。从以桌面电脑端的门户网站为代表、门户网站的发布者为信息的主导者的局面转换成以搜索引擎网站为主的、网民与网站信息高效互通的局面，此时网民获取信息资源的渠道较多，获取信息主动，但主要倚靠桌面端应用。酒类销售主要还是靠线下渠道，包装设计更注重在实体店内的销售，个别白酒品牌建立了自身官网，且网站仅作为企业宣传自身品牌的一个线上入口。但是国外的优秀包装设计图片开始通过网络流入国内市场，设计师的眼界有了很大的提高。国酒文化源远流长，无论是煮酒论英雄，还是斗酒诗百篇，无不凸显出酒的社交属性。社交属性既是酒的重要属性之一也是互联网第一属性，这为两者在后期的营销方式上找到了许多契合点。

在法律法规上，我国也出台了多项政策来保证白酒业和包装设计行业的稳定发展。如 2000 年 9 月 1 日《中华人民共和国产品质量法》（修正）对产

品或者包装明确提出要求禁止伪造或者冒用认证标志等质量标志，并规定“产品或者其包装上的标识必须真实”，[①]再如2009年10月1日执行的《中华人民共和国专利法》（第三次修正）对外观设计给予了新的定义，对产品的形状、图案或者结合色彩与形状、图案的结合所做出的富有美感并适用于工业应用的新设计。同时，该法还强调授予专利权的外观设计与现有设计具有明显区别。由此可见，国家对包装的真实性和外观造型的原创性重视度极高。此外，随着2001年12月11日，中国正式加入世界贸易组织，互联网市场得以大规模的准入和开放。这预示着外商可以更广泛地投资中国互联网领域，中国产品及服务与国际接轨。此阶段，出现了互联网宣传广告，但大多仅是将传统的平面广告或是影视广告搬上网站，旨在让消费者多一个了解商品的渠道，多一个购买机会，但此时互联网精神还未完全融入传统行业。

其次是移动互联网发展阶段，2000年至今，其中2000年到2007年处于萌芽时期，2008年到2011年属于培育成长期，2013年到2014年属于快速发展期，2015年以后则是全面向物联网方向发展。此阶段得益于移动智能终端的发展，大量的智能手机连同穿戴设备及其App应用占据了用户的大量时间，使得生活服务数字化。网民的衣食住行各个方面与互联网紧密结合，只需一个手机终端就能与整个世界的信息互通。与此同时，白酒包装设计范畴变大，不再局限于单一的实体设计，还包含了与包装环境相关的其他营销路径的设计。这个时期，以酒仙网为代表的网售白酒B2C企业飞速发展，这也标志着白酒从线下全面走向线上。白酒包装设计师不得不考虑互联网文化对包装设计理念的冲击。此时白酒企业和互联网慢慢擦出火花，包装设计开始摆脱传统视觉风格，追求个性化与人文关怀，运用新型的人工材料在造型、结构、肌理、视觉元素上做文章，包装越发精美。设计师开始考虑互联网文化对包装设计的影响，各个酒企也开始重视互联网的力量。

政策上看，自2012年起中央先后出台的《八项规定》《十项规定》《党政机关国内公务接待管理规定》之后，全国各地多部门相继出台禁酒令，规范公务接待活动，禁止工作餐间饮酒。至此，全国多地多部门相继出台禁酒

① 何洁．现代包装设计[M]．清华大学出版社，2018（12）：227.

令，规范公务接待活动，禁止工作餐间饮酒。限制三公消费、军队系统禁酒，使得白酒行业线下违规营销走到尽头。高端白酒销售回归理性、市场开始趋于普通大众消费者。从经济上来看，中国有4000多家酒企，白酒产量每年1000万吨到1200万吨，供大于求，更需要供给侧结构性改革，将多余、落后的产能去掉。白酒行业与互联网相融合，是白酒行业发展的趋势，它代表传统行业和互联网的深入融合。

最后是物联网发展阶段。2015年以后，物联网时代，万物互联，一切皆可数字化、智能化、智慧化。2015年7月，国务院发布了《国务院关于积极推进“互联网+”行动的指导意见》，文件中指出利用互联网的创新成果，所谓的“互联网+”就是“互联网+传统行业”，互联网作为新行业，白酒行业作为传统行业，两者并不是简单的相加，而是充分利用信息技术以及互联网这个平台，创造出新的发展生态，从白酒行业的生产到销售，都可能因为互联网产生变化。酒类包装借助“互联网+”的风口，可能会产生很多创新的思路，举例来说，做精品白酒，一个品牌只做一款酒。在传统酒企中这是无法想象的，即使是一个小酒厂，一个品牌下，也会有多款白酒，否则市场关注度低，销量根本上不去。基于互联网广大的用户群体，酒企可以借助小米的用户参与模式，打造一款互联网精品白酒，很可能会出奇制胜。

在这样的时代背景下，互联网文化与传统文化、东方文化和西方文化之间怎样相互促进、融合是现代白酒包装设计行业需要考虑的重要内容。正是因为互联网本身快速传播的特性，互联网文化、传统文化和国内外民族多重文化正在以前所未有的速度快速碰撞，对这些文化的深入研究，将有助于酒包装设计师设计出符合时代特征的好作品。

从技术上看，互联网、大数据、人工智能、物联网、云计算、区块链、AR（移动应用增强技术）等技术不断发展，各行各业都在努力通过新技术，找到产品创新场景。当我们参加关于艺术的论坛时，会发现论坛主题逃不开这些新技术，这本身就说明了艺术界对新技术的恐惧及认同，渴望将新技术应用到艺术设计中。包装智能化一定会是包装类企业发展的主要方向。智慧包装是指基于RFID（电子标签）、大数据、物联网的信息化智能包装系统，通过对包装产品的信息采集、存储及整合，可以实现对包装产品从源头到终端的每

一个环节进行真实可靠的信息管理，平台可实现信息的互联互通，建立防伪溯源系统。[①]近年来发现很多网红白酒，如红星二锅头、江小白都是互联网文化的产物。通过大数据技术，能分析出人们对白酒的多元化需求。物联网技术能跟踪白酒的供应链，让假酒无处藏身；AR 技术能在包装上展现音视频效果，成为实体包装在虚拟世界的延伸，既有新颖性，又具创新性。云计算技术能让包装的供产销协同起来，实现未来个性化、定制化的需求，打下了良好的基础。

## 二、渴望关怀与体验参与的用户心理

信息时期的到来带动了中国经济的高速发展，人们获取信息的渠道大幅度扩宽，他们日常所接触到的信息爆炸式增长，使得用户的消费理念、消费方式也加速变化。消费者呈现出大众分裂、小众崛起、情感消费、个性消费、健康消费的特征，以往千篇一律、标准化的白酒消费时代已被悄然替代。此时，消费者的身份也在升级，他们不仅是消费者，同时也是渴望关怀的用户。此时的用户不再是单纯地购买产品，也是在买信息、买服务、买体验、买故事。

此时，中国白酒面对的不再是“整体化一”的大众化消费者，消费者“成熟化”程度越来越高，他们转变成拥有一定眼界和品位的新时代消费群体，他们比以往任何时候都更注重白酒品质、服务态度、用户体验与个人健康，他们既崇尚名酒品牌，还关注个性消费。用户购买时会聚众理性分析比较，也会个人感性冲动直接购买，在整个购买和饮用酒品的过程中也完全体现了他们渴望关怀的用户心理以及情感需求。“喝少点，喝好点”逐渐成为消费趋势。在“喝少点”上，一方面表现在当代年轻人酒量小，独居的生活模式盛行，大都为一人喝点小酒；另一方面，随着生活节奏加快，工作生活压力大，许多年轻人都会不敢喝多，怕耽误正事。在“喝好点”上，消费者选择喝点小酒进行情感上的寄托，释放压力，因此对酒的品质有较高要求。除了好品质外，“喝好点”还体现在好服务、好体验、好故事，因此，白酒企业打造一个能打动消费者的品牌故事至关重要。如江小白打造的“青春小酒”品牌故事就赢得了不少用户的青睐。由于年轻用户绝大部分并不喜欢传统的

① 智能包装一体化，开启防伪包装新模式．https://www.sohu.com/a/217458679_471385.

酒桌文化，相对于之前的众人聚会饮酒更倾向于一人独处时小酌一杯。因此，许多小酒横空出世，如郎酒打造的小郎酒系列，便适合一个人独饮，而小郎酒的包装设计更是针对当代追求品质生活的年轻人量身打造的，酒瓶外观造型小巧，酒标炫彩时尚，瓶盖结构上采用内外双盖，方便开盖直饮。

从酒品的设计到酒瓶的设计，其中所涉及的环节众多，但都离不开用户体验。包装设计亟待从实体包装升级到体验式设计，即企业将自己的产品、服务作为环境，使目标用户在消费过程中获得美好的体验。用户的参与度、情感体验让包装设计不再只注重包装的形式和功能性，而会充分考虑用户在物质、精神上的需求，白酒企业应当借助时代契机，不断尝试交互体验式的包装设计。约瑟夫派恩和詹姆斯吉尔摩认为，产品包装设计就是通过设计实现消费者自我满意的体验，让其认为这是“为我”设计的。[①]根据亚马斯洛的需求层次理论，白酒包装设计应当让用户在感官上得以享受、行为上得以交互、情感上产生共鸣。此外，在白酒包装的用户体验设计中需结合中国传统文化，满足用户的情感需求，使其产生共鸣。

除此以外，各白酒企业在国际化市场中可搭配深度DIY个性化体验，借助智能化技术手段，让全球用户都能通过互动式体验了解白酒的历史起源、文化以及酿造工艺，感受优秀深厚的中华民族文化。各白酒企业官网、网络购物的线上体验与线下品鉴会、品牌文化节的结合会让用户的体验参与感更深，但同时也对服务、体验、包装设计的要求更高。

### 三、多重文化下的白酒竞争

中国白酒企业走向世界的过程中，在西方饮酒文化、互联网文化与传统文化的交融下，如何尊重文化具有的多样性和复杂性，显性或者隐性地从包装中反映出文化，是包装设计研究的重要内容。传统的线下白酒销售模式遭遇瓶颈，大多数白酒企业增长乏力，品牌力不升反降，除了茅台、五粮液、剑南春等白酒企业品牌在稳步提升外，大部分区域品牌的品牌力日趋下降，同时随着时代发展，酒品竞争力越来越大，如不革新，融合时代文化，将会

---

① （美）B. 约瑟夫 · 派恩，（美）詹姆斯 · H · 吉尔摩著. 机械工业出版社，2002（05）：21.

面临四大方面的挑战。

首先，用户自我意识逐步加强，适我化、个性化饮酒成为消费趋势。消费者认为适度饮酒能够满足健康需求，于是规范白酒市场的品质、口味变得至关重要，而更为重要的是应当推出何种酒品来满足注重生活的年轻用户，过于烈性白酒对于新时代用户来说可能无法接受。其次，信息互联网文化下，更多个性化、多样化、时尚化、国际化的酒类不断涌现，酒品竞争日趋激烈，传统酒企有随时被用户抛弃的可能。再次，包装规模需契合当下白酒饮用趋势，更适合中青年消费者，特别是“80 后”“90 后”，个性鲜明、生活方式多样、饮酒习惯不同。最后，购酒的目的各不相同，除了传统的祝寿酒、婚庆酒、收藏酒、纪念酒外，自享酒的比例也在不断攀升。为了应对信息时代下酒品竞争的时代环境，市场上的白酒主要出现了以下两大态势。

第一，老品牌酒商基于用户渴望关怀与体验参与的心理基础推出新品。白酒低度化，饮酒理想化、健康化成为新时代白酒发展的趋势。目前，主流用户一边抱怨生活的孤独寂寞，一边又强迫自己适应这种快节奏生活，于是他们更偏爱小容量、风味独特的白酒。大势所趋之下，许多白酒老品牌为了抓住年轻人的市场，坚持好酒质的同时借助自己已有的名气，立足于“个性、时尚、新感觉”和“潮流”文化，纷纷研发“小酒”。如郎酒公司下的小郎酒，红星二锅头公司下的小二锅头，泸州老窖下的泸小二等，这类小酒都有相同的特点，即容量小（多为 100ml、125ml），价格便宜（10 ～ 30 元不等），酒精以中高度酒居多，酒不上头，且此类小酒包装简易、易于携带等。其中，隶属泸州老窖品牌下的泸州老窖二曲酒，俗称泸小二，在继承了泸州老窖优良品质的同时，又在营销方式上有所区别。首先，该酒定位于“时尚混搭型白酒”，用户主要面向年轻、时尚消费群体；其二，该酒的净含量为 125ml，分有 52 度和 42 度两种；其三，价格便宜，单支约 30 元，符合年轻用户的需求。然而，白酒品种更新换代过快也造成了些不良现象。某些白酒品牌为了更好地适应市场，满足消费者，不断地调整自己，以迎合消费者口味，开发能使消费者迅速接受的新产品，无形中老包装物难以消化，造成产品包装过剩。

第二，在信息互联网文化下，新兴白酒品牌正是抓住用户对白酒时尚化、年轻化的需求，悄然崛起。白酒的营销方式也亟须跟上形势，包装时尚化、年轻化、个性化的需求被纳入不少商家的营销计划中。近年来，白酒行业一直在思考年轻用户的消费需求，结合热点推广小酒，推出时尚包装新产品，进行数字化营销。大势所趋之下，许多新兴品牌崛起，如江小白、几何酒、谷小酒、观云、小宝酒等，这一类的酒品较之传统白酒，闻香与口味都比较厚重，而此类小酒舒适度和利口度更高，符合年轻用户随时小酌一杯的需求。其中，几何酒是2019年的新晋白酒品牌，自出现以来就扎根于年轻用户中，从白酒本身的口味到其包装再到营销方式都充满了年轻感和时尚范。几何酒单支净含量为100ml，40.8度，味道绵柔且不上头、不宿醉醒酒快。此外还有一些拥有特殊功能的白酒业跃跃欲试，试图在白酒市场分得一羹杯，如江苏苏洋酒厂于2018年推出了一款快速分解型白酒“革命者”，是国内首款拥有“快速醒酒、不伤肝肾”的专利新型白酒，正欲占领新型白酒市场。

## 第二节　白酒包装形态的意境化体验

### 一、酒瓶造型的仿生形态与意境化体验

经历了古代酒器、近现代酒瓶在造型上的风格变迁，信息时期的酒瓶造型也呈现出多样化、艺术化与意境化的特征，其中意境化最为突出。这种意境化是基于仿生形态的造型艺术，这种仿生形态或抽象或具体，按照形态的参照对象来分类，较为常见有四大类型，即吉祥寓意造型、动物造型、名人雕塑形态、几何抽象造型。

吉祥寓意造型是以中华传统文化中的具有吉祥寓意的成语故事、俗语故事、吉祥物体为原型，设计出来的造型。此类造型与产品的定位关系密切，往往表达了酒品购买者对被赠予者的祝福及酒对购买者的直接祝愿。但由于寓意一般为文字类表述，无直观、统一的形态，因此，此类造型也分具象寓意造型和抽象寓意造型。具象寓意造型如1998年五粮液公司出品的“一帆风顺”系列，旨在借此产品祝福购买者万事大吉、一帆风顺，包含了一帆风顺郑和版（39度）、哥伦布版（52度）两类单支产品（图4-1、图4-2），而

后为了适应市场的需求又推出了一帆风顺经典礼盒、一帆风顺鹏帆礼盒、一帆风顺双帆礼盒三类高端礼盒产品（图 4-3、图 4-4、图 4-5）。酒瓶均采用了圆润饱满的水滴造型，水滴内包裹着一只帆船，暗含了“有容乃大”的人生境界，是理想的收藏品和礼物。

图 4-1 一帆风顺 郑和版

图 4-2 一帆风顺 哥伦布版

图 4-3 一帆风顺经典礼盒

图 4-4 一帆风顺鹏帆礼盒

图 4-5　一帆风顺双帆礼盒

白酒酒瓶中的动物造型通常是模拟中国十二生肖或蕴含美好寓意动物的造型。茅台和五粮液都曾在春节前夕推出过限量版的生肖酒，旨在争夺春节假期馈赠亲友的市场，兼具收藏价值。但两大品牌在具体的白酒包装造型上却大不相同，例如，同是 2017 年的生肖酒造型，茅台酒的“丁酉鸡年生肖酒”保持了品牌的一贯调性，仅仅只是做了包装的装潢设计，瓶型依然沿用了“三节瓶”造型；而五粮液“丁酉鸡年纪念酒”酒瓶瓶身延续了鼓瓶型，局部采用了仿生造型，以一只正在张嘴打鸣的公鸡造型为原型对其包装中的酒盖进行了改进。再如 2011 年出品的山西汾酒杏花村 53 度“吉祥如意”酒（图 4-6），其采用的就是“祥”的谐音“象”作为酒瓶整体造型的原型，同时象还具有“兽中德者”的美称。该白象鼻子托着一个元宝顶在头顶，象尾为瓶口，右前腿微微向前弯曲有前行的趋势，表达了人们对美好生活的向往与祝愿的心境。而后 2019 年出品的“吉祥如意”酒瓶（图 4-7）还进行了迭代，白瓷象上点缀了青花，元宝造型依然与瓶盖结构相融合放置于象背上，白象欲摘元宝。

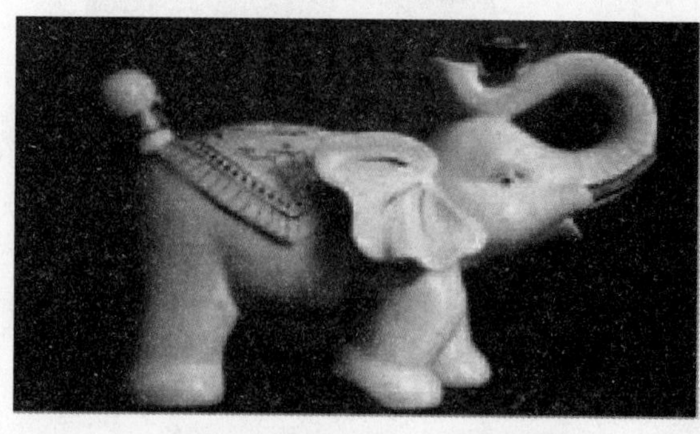

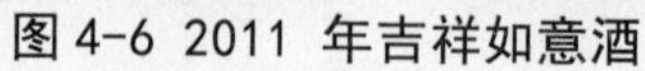

图 4-6 2011 年吉祥如意酒

图 4-7　2019 年吉祥如意酒瓶

名人雕塑形态是酒瓶以白酒品牌文化相关的知名人物的形态为设计元素，借助这些名人的性格特征、民间传说中所兼备的影响力来突出系列酒品的主题，从而带动白酒消费。如诗仙太白酒厂2011年推出的盛世唐朝水晶盒版，其酒瓶就将诗仙李太白的形象植入设计中，运用玻璃手工吹制技术塑造了李太白举杯共饮的情景，尽显大唐盛世的文化气魄。由于盛世唐朝系列酒品十分畅销，后续又推出盛世唐朝100年纪念版（图4-8）。无独有偶，杏花村的收藏酒关公原浆酒（图4-9），也选用了名人关公造型。由于关公被誉为“全能神关公”，传说他具有驱魔辟邪、招财护财、祛病避灾的神力，该酒以此造型寄予了厂家对用户财运亨通的祝愿。此外由于此关公酒的净含量是4500ml，因此酒瓶的体量也较大，高550mm，宽280mm，关公高大的形象与酒的体量完美地统一起来。

图4-8　盛世唐朝100年纪念版

图4-9　关公酒

这里的抽象几何造型是对自然生物（植物或动物）或标志性物体形态的高度概括，设计时既要找准寓意与酒品相符的物体对象，还要形体简洁，精致且有现代感。其研究对象包括两种，一个是整体造型选取的对象如何抽象几何化其形体，另一个是几何瓶形上点缀的细节如何与几何瓶协调搭配。

以自然生物造型变形而来的几何形态的酒包装往往与酿酒的原材料或产地有关。如获2017年“世界之星”包装奖的概念版白酒竹叶青酒（图4-10）

就是以竹子为原型，透过瓶身的颜色与肌理，用户仿佛能嗅到竹叶青酒的芳香，感受到大自然的和谐静谧之美，竹节处的凹槽符合人体工程学，便于拿握。荣获 2019 年德国“iF 设计奖”的谷小酒的包装（图 4-11），其造型以“米粒”为原型，抽象处理后圆润而饱满。它是中国第一款已面世、非概念型的酒包装，该酒自 2018 年 9 月上线以来，4 个月内整体销量突破 200 万瓶。以物体抽象而来的酒包装有稻花香出品的限量级高端酒清样酒（图 4-12），其酒瓶造型以战国出土的编钟为原型，是一款能代表湖北形象，传递楚文化的酒品，仿青铜器的曲面肌理丰富了该酒的视觉层次。

图 4-10　竹叶青酒

图 4-11　谷小酒

图 4-12　稻花香清样酒

对标志性物体高度概括的几何包装造型是借助人们生活中潜意识里熟悉

的形态特征，加以抽象化形成与酒品气质相匹配的设计。如新锐白酒品牌“筷子兄弟酒”，是 2019 年发布会上发布的两款酒品，一款为适合大众消费的小酌版，一款为 500ml 单支装的精酿版（图 4-13），二者瓶型均为几何体造型，其中前者造型较为平庸，但后者精酿版瓶身多棱角几何造型灵感来源于罗马柱配以水晶玻璃材质显得格外精致。虽然该造型原型有别于中国传统意义上的对白酒的认知，但却表现出现代多重文化下白酒品牌打破陈规、在包装设计中吸取世界优秀文化走向全球的决心。然而有的标志性物体却并不明显，如刁小妹在 2019 年糖酒会上推出的第三代产品“敬真男人”酒包装(图 4-14)，突破了市面上小酒雷同的小方体造型瓶颈，瓶造型创意上融合了“战神之剑和盾牌”的符号，由箭头作为瓶盖，盾牌作为瓶体，同时视觉上打造了古典刁小妹专属的卡通形象，这也是众多品牌中第一次以卡通女主的形象作为自身标签，瓶体侧身还印有刻度，方便用户查看饮酒用量，令人记忆深刻。

图 4-13　精酿版筷子兄弟酒

图 4-14　刁小妹“敬真男人”酒包装

还有的几何体瓶造型似乎找不到原型，但却跟圆形、方形或不规则几何形体本身的属性特征相关，如贵州省赫章县阿穴酒厂生产的夜郎自大酒（图4-15），半圆体的造型简约时尚，有几分洋酒的意思。扁圆形态既象征着山又暗含了大山背后人们淳朴简单的生活。

图 4-15　夜郎自大酒

除了用户在购买、使用的过程中，透过仿生形态的酒瓶造型以外，有的瓶型还兼具陈设、装置、收藏或玩具功能，让酒品的意境能在时间和空间上顺延，从某种程度上而言是酒瓶回收再利用。但这一类的酒瓶工艺性强、成本高，不适宜大量生产销售。如某些酒瓶使用完后可以充当花瓶，兼具插花

功能；有的酒包装使用的是环保帆布袋，消费者还能再利用。

## 二、酒盒造型的稳中求新

酒盒造型因为主要功能是销售与保护酒瓶，所以在大幅度创新上有一定的局限性。这里的局部创新，重点指外观审美上的创新带来的意境化体验，包含了酒盒放置方式、造型、比例三个方面。

酒包装按照盒型高宽比例及放置方向可以分为竖向放置和横向放置。由于酒瓶均为圆柱状或立方体，瓶盖位于顶部，竖立放置，并且超市、专卖店等实体店的货架为了节约空间习惯于将各个酒品水平并列展示，因此传统的酒包装放置方式均为竖放。而随着高级白酒或礼盒版白酒的出现，包装盒内除了白酒还放置了其他相关物品，酒盒外包装变得宽度大于高度，横向放置的酒盒也随之出现。如董酒国香 54 度木质礼盒装因为礼盒内要水平并列放置 1 瓶白酒和 2 个杯子、1 个注酒器（图 4-16），造型上就成了横向放置的酒盒包装，配以木材，显得高端大气。

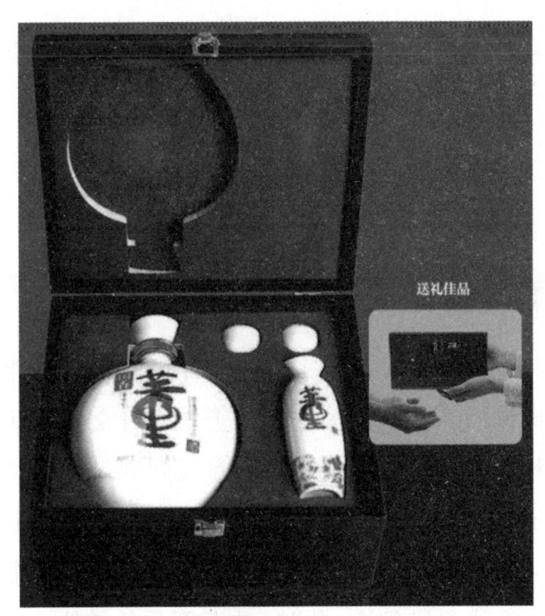


图 4-16　董酒国香 54 度木质礼盒装

从整体造型而言，酒盒整体上的造型以立方体居多，圆柱形其次，其他异形罕见。立方体是酒盒形体结构的基本造型，因为其便于组装、运输、拆卸及加工。形体还具有沉稳大气的特质，是各大高中低端酒的首选。而圆柱体亲和力强，常用于中低端白酒，如稻花香正品贰号 52 度和黄盖汾酒都采用了圆筒外包。同时，市面上还出现了多面体的外盒形态，如诗仙太白新花瓷的外包是六面体。同时，基于竖向和横向的放置方式，局部造型创新的案例举不胜举。这里的造型创新是指在原有形状上适量加、减，如五粮春包装盒在形状上做了减法，其上半身正立面有一个小切面与盒顶连接成了一个整体，侧面看呈斜切状，在视觉上盒身更加修长。而剑南春酒厂出品的东方红酒则是从酒瓶到酒盒上基于原有造型做加法。酒瓶周身上有一圈凸起象征着光芒的带状结构，酒盒也与其一脉相承，盒身中部附加了一倾斜着的带状结构，使得东方红的主题意境更为突出。

盒身比例常联合酒盒的开启方式来创新。竖向酒盒盒身可以分为上（中）下部分，或横向酒盒按照比例结构可以分为左（中）右部分，整体造型不变，稍微改变下局部比例关系，视觉效果也会出现不一样的效果。如 2005 年的剑南春包装，原木酒盒上的装潢箭头被设计成酒盒的开启处，腰线位置靠近底部，盒身上半部分闪闪发亮的激光光与酒品理念相呼应。再如诗仙太白盛世唐朝 20 年外包装腰线靠上，开启方式是从腰线处破开，具有一次性防伪的效果。

## 第三节　可交互的白酒包装结构

### 一、内包容器的结构科学

信息时期的酒包装结构设计除了一如既往地注重审美性与功能性相互统一，还将关注点倾向于酒瓶与人的交互性上。本身交互设计包含了用户在使用产品时的可用性、易用性、愉悦性，而对应到酒包装上时，交互是指用户从接触到酒包装的外包到拆封拿出酒瓶，再到开启酒盖，最后到倒酒并放置于桌上的一整套交互流程。当良好的交互设计融入酒盒、酒瓶的包装结构时，对塑造企业品牌形象就十分有益。此时，内包容器的结构因融入了交互设计，显得功能更加科学。这里的科学是基于交互设计的三个层次而言的，具体来说就是使用酒瓶时安全稳当、方便易用，实用过程中还要心情愉悦。

首先，安全稳当包含了三个方面。一是指酒瓶拿起放下时都不易滑落，这个与酒瓶的材质、造型相关，如不少酒瓶在酒瓶腹部有凹凸卧槽，或是加了些许浮雕，或是类似于鱼尾造型这都是在增加摩擦力，仿制意外滑落，还有瓶底增加肌理也是防止瓶底意外滑倒；二是密封性完好；三是指科学防伪抑制假冒伪劣产品现象扩大化，现代的酒瓶酒盖防伪结构有撬断式结构、扭断爆裂式和加环形锁扣等形式，以上三种都属于机械结构上的一次性破坏防伪，但有的制作工序复杂、废品率高，逐渐被淘汰。如今利用新材料和人工智能技术，优化开启方式的某个结构，实现内外结构的局部防伪，同时还能加强与用户的互动交流。如精酿小郎酒采用了内外双盖设计（图 4-17），方便开盖直饮，瓶盖上可以扫二维码，不仅满足了防伪、溯源的需求，还加强了产品与消费者之间互动。这种扫二维码的交互方式目前被广泛地应用到白酒的营销活动中，其中的愉悦性大大超越了安全性。如九江双蒸酒业于 2019 年推出的小酒“大师小作”，为了迅速占领市场，企业策划了“扫得多，中得多”的扫码赢红包营销活动，在其瓶盖上采用了一物一码扫码技术，让每个酒瓶上的二维码均是唯一的，使用者开瓶扫码即可参加幸运大转盘抽奖，以此引发使用者主动传播该新品。

图 4-17　内外双盖设计

其次，方便易用是指酒瓶携带、开启都要人性化。酒瓶易于携带主要是指自享型的小酒，造型小巧、易于携带。开启方式简便，不借助其他工具外力便能打开酒盖直接饮用。如被应用在陶瓷材质酒瓶之上锁扣密封防伪盖，制作精良，其原理是用锁圈破断式螺纹齿合盖，或是直接利用外围的防伪金属圈来达到破坏后无法恢复的目的。再如断齿式酒盖，开启后，防伪片／齿断裂，与瓶盖主体脱离，无论是陶瓷酒瓶还是玻璃酒瓶都能与其适配。

最后，心情愉悦主要是指感官层次到心理层次的升华，即酒盖与瓶身的结构形态、视觉元素多方面协调统一，富有美感，或是具有趣味性。如宋河粮液出品的50度扭转乾坤酒（图4-18），该酒主题来源于老子的传统思想“三生万物”，于是瓶体被分为三节，并可以旋转、把玩，名副其实地从白酒主题内涵到酒瓶结构一脉相承。这也使得这只地方酒能够脱颖而出并且在“首届中国白酒创意包装设计大赛”中获奖。

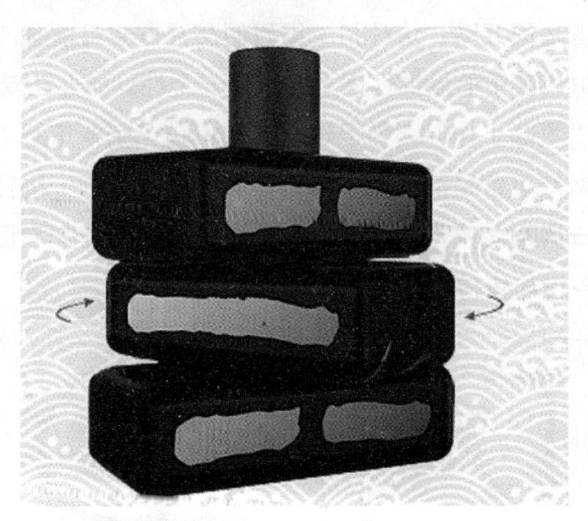

图4-18　50度扭转乾坤酒

## 二、外包装盒上的细节创新

外包装基于人们的交互需求，在结构细节上也做了不少改进。较之近现代时期，开启方式显得更加多元化。

一方面是在原有的摇盖、天地盖基础上的创新。基于竖向放置比例进行优化调整，以天地盖结构为例，“天”为盒盖，“地”为盒身，中间凹进去的腰线为腰身部分，腰身让整个盒体的“体型”层次分明。盒身会因腰线高低不同而带动视觉焦点位置的变化、开启位置的变化，而当腰线低置时，“天”

为视觉上的盒身，“地”为底座，开启点在底部。横向放置，天地盖的创新方式与竖向放置相似，但因为酒盒是 90 度旋转后的竖向立方体，腰线在侧面，盒底要盛放酒瓶，因此盒盖不能过重，腰线均在中上部，“天”“地”至多为对半开，并不影响视觉上的焦点。摇盖同样也是在比例结构上做了诸多尝试，受摇盖特性约束，腰线均为上半身，当腰线为中部时，会出现对开门的效果。特别是在礼盒酒包装中，摇盖时厚时薄，薄时薄到一层纸盖，以一红折耳隔开，厚时会加以锁扣结构，显得白酒更加尊贵。“2017 年世界之星包装设计大奖”剑南春酒包装（图 4-19），为翻盖开启方式，区别于一般酒包装结构，体现一种开启仪式感。包装上下封口处设计有铆钉锁定，为开启方便专门设计有塑料拉环，使用时可把盒体破坏，防止被再利用造假。

图 4-19　3D 立体 AR 防伪技术

另一方面出现了更加精致的结构，如开窗式、抽屉式等。其中开窗式包装在盒的有关面上开窗口，用户能透过透明材质的窗口见到酒瓶的一部分或全部，这是一种便于识别商品的包装造型。这种结构打破了传统外包装结构的神秘隐蔽，深受用户欢迎。其中，开窗镂空的面积大小、形状，要根据瓶型及其数量来决定，力求结构的科学合理。抽屉式是以抽拉的方式来开启酒盒，显得十分有仪式感，由于抽屉式酒盒具有收纳的特质，因此再次利用价值高，适用于高端白酒及限量收藏级白酒。

而外包装盒在局部细节上运用了新科技、新材料，让使用包装的过程更加安全、与用户互动性更强，且富有趣味性，为品牌添加更多附加价值。厂商通过AR扫码功能获取多类数据，如统计出白酒的饮用数据。当用户使用AR功能时，可以将白酒的扫描时间传递到服务器，经过大数据分析，就可以计算出白酒从出厂到饮用的时间数据。例如茅台就采用了3D立体AR防伪技术，消费者下载盒知互动AR应用，用智能手机扫描贵州茅台包装，然后会出现一个3D立体的虚拟茅台酒盒，实体酒瓶和酒盒上一共设置了19个防伪点，对应的虚拟酒包装与实体一致，虚拟包装上每一处防伪点都以绿点提示，点击即可以查看该防伪点的详细介绍。

功能及成本节约上的创新体现在两个方面。一是自动锁底结构，在锁底式结构的基础上变化而来，它是一个易于折叠平放，又可以自动封底成形的设计[①]，让酒包装盒的盒底更为坚固、高效率、美观，组合、拆放、运输和储存都更为方便，成型巧妙。各种形态的底都可以研究设计成自动底，节约人力成本和资源。二是附加功能以作为物品或者玩具再次被使用，常见的是作为收纳功能的盒体。

此外，电子商务催生了新型电商类的酒盒包装，这里的酒盒包含了两种类型。一是指有一支在电商渠道销售的白酒；另一种是指电商渠道购买的多支白酒的整箱运输包装。此类包装首要功能仍然是对内部白酒的防护性，但较之传统的运输包装，电商包装的运输包装依照酒的净含量一般内置白酒4～12支不等，为了包裹收发具有识别度和广告作用，也会进行简单的设计，但仅仅只限于包装盒的装潢和大小体积及其细节上。色彩上不再单纯的是瓦楞纸纸材的固有色，而出现了多种印刷色。为了便于人们提携，不少包装盒上还打孔穿绳，或是添加了提手，让运输包装与用户之间的交互更融洽友好。

## 第四节　白酒包装材料工艺成本与社会责任之间的博弈

### 一、现代包装材料创新与白酒包装情感设计

信息时期的包装材料延续了近现代酒包装主流材料的应用，并在内包酒瓶和外包酒盒的常用材料、后期工艺上均有所创新。信息时期的酒包装有更

① 赵红．纸盒包装造型与结构的创新 [J]．包装世界，2005（8）：79-80.

多材料以供选择，而在白酒包装设计的过程中不再是单纯地仰仗现有材料的美观，还会考虑材料的语义化与白酒包装情感设计的联系，以满足用户细腻化的情感需求。这里的材料语义是指材料通过属性、质感、肌理所表达出的语义信息。材料语义能丰富产品的内涵和包装设计。[①]酒包装通过材料选择及后期工艺，提高用户从视觉到触觉的感官体验，并让他们心情愉悦、记忆深刻。

现代酒瓶的内包材料依然大多以陶瓷材质和玻璃材质为主，其中玻璃材质的技术改良最为突出。容器材料上，使用新型降解的玻璃，也能起到绿色环保的作用。主要表现在玻璃材质的新工艺上，具体而言有三点。

一是玻璃的轻量化，通过调整配方、实行理化强化工艺和表面涂层强化处理等技术及采用轻量化结构和瓶形的优化设计，可使玻璃瓶从平均壁厚 3.5mm 减薄为 2.0mm ～ 2.5mm，从而实现玻璃瓶轻量化。[②]二是纳米玻璃的功能化纳米阻隔材料防止白酒渗漏跑香，防止酒的包装物霉变，纳米彩油墨或涂料提高白酒产品防伪性能。三是玻璃的美观化，尤其指玻璃材质加上喷涂工艺，能够制作出很多不同的肌理质感，例如，可以使用玻璃喷涂工艺模拟陶瓷工艺，成本相对陶瓷工艺更低，加工更便利。前面提到的谷小酒的获奖包装，酒瓶看似磨砂陶瓷，实际上采用的是玻璃材质，在其之上进行涂料加工。这正是因为玻璃材料及生产工艺的进步，才能大规模生产这种异形瓶的包装，从而让消费者与包装之间能够产生更多的情感交流。又如“古井贡酒年份原浆”为例，便是先给整个瓶身采用玻璃材质，利用玻璃材料容易成型的特点塑形，然后结合仿陶瓷喷釉工艺就形成了我们所看到的成品。产品全部是由模具机械成型或加以简单雕刻。产品造型设计独特、美观大方，具有白度透明、折光率达 1.54 以上、透光性好等特点。而玻璃瓶还有浮雕玻璃工艺、玻璃腐蚀工艺。如果仿冒者以手工制作，光瓶体制作的成本大约就需要好几百元。若购置模具机械、投入资金则不是普通仿冒者可以承受的。[③]这种工艺主要是

---

① 陈祥贤．材料语义在包装设计中的运用研究．齐鲁工业大学，2017（5）：13-26.

② 戴宏民，戴佩燕．生态包装的基本特征及其材料的发展趋势 [J] 包装学报，2014（6）：5.

③ 孟祥钊．酒类产品包装防伪技术 [J]．今日印刷，2008（2）：60-63.

采用水性聚有机硅氧烷仿陶瓷涂料来完成的，质感较强，仿陶瓷的磨砂质感同时也具备了防滑功能，对酒这种易碎品来说是一种保护。水性聚有机硅氧烷仿陶瓷涂料通常是以无机溶胶和水性聚有机硅氧烷树脂为主要成膜物质，再加上水或其他溶剂，同时以颜料、助剂等调配搅拌而成。

随着经济水平的不断发展，消费者已不仅仅只满足于产品的需求，视觉美以及产品质感更是消费者选择的重点。产品的材料可以传达给人们不同的视觉和触觉感受，具有象征意义，并且传达给消费者独有的情感。中国自古以来就是瓷器大国，中国陶艺属于工艺美。进入信息时代，原先单纯的以玻璃做外包装的产品，已不再能满足人们的文化需求。但玻璃酒瓶具有密封性好的优势，而磨砂质感的陶瓷瓶收藏价值高。从储酒、消费文化、收藏价值看，陶瓷酒瓶比玻璃瓶更上档次。所以，生产企业将二者相结合，以玻璃瓶做基础包装，外塑陶瓷工艺，承载着浓厚的文化底蕴。高档陶瓷酒瓶的使用将酒的高端与优雅淋漓尽致地发挥出来，被消费大众所接受和喜爱，如古井贡酒年份原浆（图 4-20）。

图 4-20　古井贡酒年份原浆

玻璃的后期工艺越发成熟，涂料从完全不透明到完全透明过度。这种新型渐变喷涂工艺，让白酒包装完全可以跟香水的质感相媲美，会得到更多年轻人的喜爱。对于一些新的酒企来说，要想从酒体上竞争并不容易，所以利用新材料、新工艺进行创新反而更容易差异化竞争，从而得到市场的认可。如网红高颜值的几何酒（图 4-21），酒瓶一眼看去仿佛是香水，细腻的渐变色配以玻璃材质，将白酒衬托的时尚个性。这种渐变喷涂技术，也是从近几年开始成熟并流行起来的，如近年来的多款智能手机 OPPO　R15、华为 P20 等都使用了渐变喷涂技术，新工艺技术给白酒包装设计师们带来了新的艺术灵感。

图 4-21　高颜值几何酒

酒的传统防伪技术主要包括油墨防伪和二维激光全息防伪技术。目前被大量应用于酒的生产包装。因技术应用较为成熟，所以酒产品容易被假冒伪劣厂家模仿销售。而新型防伪技术不成熟，生产成本高，酒企实施困难。这就导致市场上的产品鱼龙混杂，用户难以识别真假，消费者自身权益得不到保障。而随着信息技术的发展，各种新型防伪技术接踵而至，防伪包装手段众多，仅防伪标志类已有 100 多种，但从总体分析，防伪包装技术集中于以下几个方面：防伪标识、特殊材料工艺、印刷工艺、包装结构和其他方法。

一物一码防伪体系被一些酒企使用。简单解释就是给每瓶白酒标识独立的防伪二维码，消费者可用手机扫描二维码来检验商品的真假，一般可以认为第一次被查询的二维码即正品。例如，九江双蒸酒（图 4-22），将防伪二维码置于瓶盖内部，消费者通过扫描以验证真假。这种新型的防伪方式增加了和用户的交互,同时也给用户带来了独特的体验和趣味性。还有扫码领红包活动，消费者从中获得礼包，可增加产品的好感度。这种针对性防伪技术，相较于油墨防伪和二维激光全息防伪，生产成本也进一步降低，产品售价更易被消费者接受，达到互赢。

图 4-22　九江双蒸酒

还有五粮春酒（图 4-23），它的防伪技术是在包装酒盒上采用 3d 光栅印刷打印。2000 年后投入生产包装，它的立体光栅材料目前主要分柱镜光栅和狭缝光栅两种。由于柱镜光栅做出的立体画可以不用打灯也能直观看立体，所以流通面相当大，市场普及率占了 80%。这种技术难度较高、包装难以进行防伪、造假门槛高。但因生产成本高这一特点，间接增加了销售价格，不利销售。

图 4-23　五粮春酒

酒产品的标签大致分纸标和激光标两种。纸标的应用大致是以防伪码进行短信、电话等查询。其使用方式大致是首先将查询码喷码到标签上，后印以刮刮乐图层，可网站、电话语音、手机短信息和手机上网等形式系统输入查询码查询验证真伪。在纸标上还会应用各种防伪油墨印刷和团花图案。另外，因为白酒标签的附加值一般都比较高，而且有些材质又是非吸油墨性的，所以一般采用柔印 UV（效果）油墨印刷，图文信息的色彩展现更好。如五粮液的纸标防伪技术（图 4-24），其使用过程大致是先在购买的酒瓶上找到刮刮码的防伪标识，然后刮开图层，在五粮液防伪官网进行查询验证。

图 4-24　五粮液的纸标防伪

激光防伪标签是用激光彩虹全息图制版技术和模压复制技术，在产品上制作的一种可视的图文信息。激光防伪技术包括激光全息图像防伪、加密激光全息图像防伪和激光光刻防伪技术三方面。激光防伪标签印刷五大技术种类分别包括斑防伪技术、维立体激光标签、揭开型或刮开型激光数码防伪标签、全息点阵光刻激光防伪标签、揭开留字防伪标签。白酒防伪标签从注重印刷工艺、材料等的防伪手段，逐渐发展到集应用信息技术和电子技术等于一体的技术。不同白酒防伪应用不同，例如，五粮液激光封口技术（图 4-25），主要采用光学微透镜堆叠技术、光控微透镜堆叠技术、立体高彩技术、光曲率动画技术、微缩文字等技术中至少 5 种及以上的技术组合。识别方法主要是通过它的微缩文字、光控微透镜堆叠、光曲率动画技术、动态旋转技术来进行。

图 4-25　五粮液激光封口技术

外包酒盒使用瓦楞纸板也成为一种趋势，尤其是 F 楞、G 楞的三层瓦楞纸趋势增大。微型瓦楞纸有三大特点：①结构稳定，抗压能力强，对产品起到保护作用；②利于印刷、油墨效果，适合环保水性油墨；③质量轻，便于运输，成本低。以五粮液富贵吉祥 6 瓶装为例（图 4-26），外盒采用瓦楞纸板设计，印刷清晰，材料质感光滑、肌理质朴、坚固耐用，良好地保护了内包中的 6 瓶酒。这种外盒设计，既简单又质朴，同时保证功能性、环保节能，通过方形设计给人传递坚固耐用的感觉，加上瓦楞纸本身的硬度，完全能让消费者放心。

图 4-26　瓦楞纸包装

塑料包装由于成本低、可塑性强成了信息时代不断革新的重要对象。一般来说，塑料很少用来作为内包装，原因是白酒内含有大量有机物质，塑料中的聚乙烯容易和白酒中的有机物质发生化学反应，对人体造成伤害。随着塑料生产技术的进步，如 PET 材质的使用，这种塑料具有良好的耐热性、抗腐蚀性，对人体没有伤害，对于存放的低度酒来说非常合适。日常生活中，见得最多的就是矿泉水瓶。国内以五粮液为先驱，其中低档酒如尖庄已使用 PET 瓶。PET 材质透明度高，利于呈现白酒的色泽，用户拿在手中就像拿着一瓶矿泉水一样，新颖独特，一次喝不完，可以方便存储，PET 包装还有耐摔的特点，对于长期旅行的消费者，有利于随身携带（图 4-27）。

图 4-27　PET 瓶

麻料、布料包装一般在酒包装中起点缀或辅助作用。一般来说，是一种反创新，主要用于给消费者营造返璞归真的感觉。酒包装有时还会用红色绸带来装饰酒瓶，增加包装的感情色彩。如茅台酒厂旗下的习酒诸多包装在酒瓶的瓶口下方系有红色飘带，恰似一种象征白酒优质品质的象征。

## 二、酒企社会责任与包装材料成本之间的博弈

酒品的定位是平民化还是奢侈化，也是白酒包装设计的一个重要考虑内容。如推向大众消费者，则包装在整个产品中的成本占比不能偏高，消费者购买的是酒体本身，而非包装。平民化定位的酒包装，售价在几十元内，可以只有内包，不用外包。以 15 元左右一瓶的牛栏山酒（图 4-28）为例，包装简朴，瓶身没有华丽的设计，采用可回收的玻璃瓶，符合平民化包装的定位。

图 4-28　牛栏山酒

从工艺上讲，工艺简单成熟的玻璃瓶，能够降低牛栏山的成本，使原本只卖 10 几块钱的牛栏山，有更多的成本投入酒体本身，而不是降低酒体的质量，甚至使用酒精勾兑白酒。有更多成本保证酒体质量，这也是企业责任的一种表现。长期喝牛栏山的消费者，主要的关注点在酒体本身，而较少关注酒瓶的包装设计，酒瓶设计上只要展现必要的信息就可以。

对于高端奢华定位的酒品，保证设计就必须讲究用户心理。明确消费者

是自饮、宴请，还是送礼。无论是内包装、外包装都不能过于简单，从几百到上千的酒类，需要适度做好酒包装设计，不能过于奢华，也不能完全不顾消费者购买此种酒的需求。以金沙回沙摘要酒为例（图 4-29），1500 元一瓶，包装设计上不仅使用上好材料，而且别出新格。以书的造型而设计，清爽且文雅，成功人士喝这样的酒，也能从中体会出一种对知识的敬仰，酒瓶本身作为一种收藏品，放在书柜里，也是一种享受。所以，对于这类高端酒，酒企需要在设计上花费足够的精力，做好市场调研，不断地优化酒包装本身，注重每个细节的设计，选择高品质的材料，必须使酒的包装成本和酒的价格相和谐。

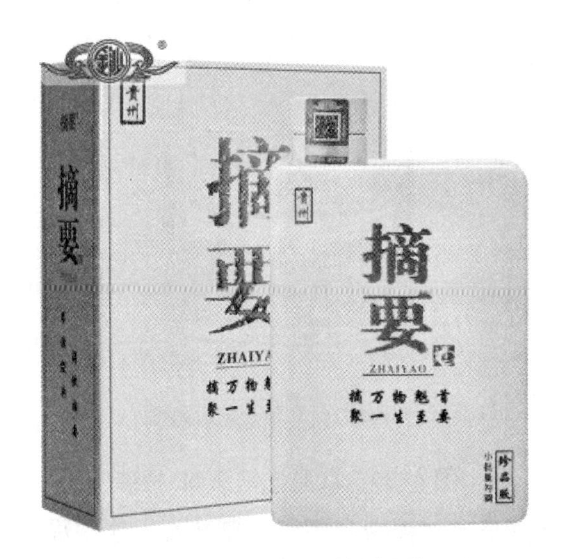


图 4-29　金沙回沙摘要酒

一味地提高包装的成本，过度包装也是不行的，适度包装也是酒企责任之一。过度包装指包装的耗材过多、分量过重、体积过大、成本过高、装潢过于华丽、说词过于溢美等。信息时代，生活中购买产品的需求越来越多，经常会感受到不知如何拆包装的痛苦和包装该不该扔弃的尴尬，这都是因为过度包装导致的。食品行业中酒类过度包装现象比较严重，企业认为豪华的包装会让消费者更乐意购买，事实上也的确有这样的情况发生。酒的品质一般由酒体的品质和包装的品质构成，酒体的品质决定着产品的核心竞争力，消费者对酒的口感和品味的要求。包装决定着产品的卖相，无疑卖相好看，会得到更多的认可，所以单纯从包装上来看，企业设计更高品质的包装并没有错误，但这并不能成为产品需要过度包装的理由。

以一些桶装酒为例，如红星二锅头 5L 桶装（图 4-30），消费者购买大多是自己饮用，没有送礼需求，价格讲究实惠，酒体又具有一定的品质，就不适合过度包装，一个简洁大方的 PET 塑料桶就能达到效果，这样能把包装费用降低，让更多的成本体现在酒体本身。

图 4-30　红星二锅头 5L 桶装

过度包装会增加成本、浪费资源、污染环境，这些成本最终会转移到消费者身上。过度包装的成本会最终归于消费者，大多数消费者是知悉的，消费者本身也诟病过度包装。在超市酒品区，恢宏大气、设计精美、用料奢华的白酒随处可见，大多数消费者并不了解白酒本身的成本，也不是酒类专家，他们对酒体品质本身的鉴别能力有限，因此只能从直观的包装品质上来区分产品品质和档次，但是这种方式并不可取。举例来说，有的包装里三层外三层，用红木雕刻花纹，甚至镶嵌人造宝石，印刷工艺也复杂多样，金属烫金，过度的凹凸雕刻，整个包装看上去很精美，过度包装使包装和酒体的成本比例出现极度不协调，长此以往也会损害企业自身的利益。

新时代，绿色包装也是企业应该承担的社会责任之一，企业及消费者对

绿色环保包装的使用需求越来越强烈。包装绿色化，主要可以考虑几个方面：①包装材料是否可以最少化，减少浪费；②包装生产过程中能否尽可能降低有害物质的排行；③包装回收、废弃后能否快速降解，回归自然。

从外包材料来说，木质材料对于打造高级酒品是一种不错的选择，国外不少葡萄酒都采用了此材料。木质材料作为酒包装天生绿色环保，它是非常容易降解的，但是对木质材料依赖树木，大量使用木质材料砍伐大量森林，对生态环境造成影响。所以，如何灵活地设计木质包装，节省原材料的使用，或者可以将包装本身设计为能在家里使用的装饰品，使消费者饮完酒后，不舍得扔掉外包装，这也是非常值得借鉴的包装设计思路。如“第二届普拉斯杯重庆市艺术创意设计大赛”中的获奖作品《“有余”白酒创意包装》（图 4-31），作者将白酒外包装盒与盛物盒功能相结合，酒盒采用木质材料，当使用者酒饮用完后，精美的外盒还可以用来装一些杂物，让包装发挥更多的剩余价值，从而保护资源环境。

图 4-31 《“有余”白酒创意包装》

此外，再生纸板也是外包装的主要材料之一。再生纸板是使用回收废纸作为原材料，通过分选、净化、打浆等工序制作出来的纸板。在世界越来越重视环保的今天，再生纸板深得社会的认可。再生纸板可以作为白酒的外包装，其原料 80% 来源于回收材料，所以对环境的污染相对较小，属于环保型材料。

## 第五节　白酒包装视觉上的情感交流

### 一、视觉元素的古为今用新潮流

无论社会信息化发展多么先进，白酒都离不开自己所扎根的中国传统文化，同时信息化时代的新元素也作为酒文化的一部分丰富了白酒历史文明。白酒在大众眼中一直都是中华民族文化的典型代表，而在信息技术化的高速发展中，众多白酒包装没有一味地对传统元素模仿借鉴，而是在面对现代文化与传统文化的撞击时，不断探索信息化互联网时代新的审美取向。如何古为今用，如何巧妙地在现代白酒包装中融入相匹配的传统文化元素，通过更具感染力的视觉语言来传递白酒的民族文化特性与艺术美感，并创新发展做出拥有现代感的白酒包装成为各白酒品牌不断探索的命题。具体而言主要通过图形纹样、色彩、文字、版式等要素的再创新使白酒包装赶上新潮流，设计出新花样。

在图形纹样上，为了增强视觉元素与用户间的情感交流，将用酒场景纳入其中，白酒包装呈现出包装精致化、娱乐化、个性化与立体化的创意特征。在现代的单支白酒包装中，图形的娱乐化特性十分突出。如五粮液旗下的百家宴酒系列：百家宴·幸福版、百家宴·守护版（图 4-32、图 4-33），该酒在视觉图形上具有极高的辨识度，借用了传统文化中和“家”有关的“门神”作为设计对象，一改人们印象中严肃、刻板的门神形象，优化创新成圆润、俏皮的“门神”，手举着“为家守护”“开启幸福”的对联。不少初识该酒品的用户，错将门神理解为财神，这也恰好符合商家一箭双雕的设计用意，即打造门神形象，让青春靓丽的门神作为为家人传递祝福的代言人，该酒因图形年轻时尚，在家宴、婚宴、百日宴、寿宴等应用场景都备受欢迎。

图 4-32　百家宴 · 幸福版

图 4-33　百家宴 · 守护版

白酒出现的系列化包装设计即一组格调统一的群体包装，其中单支酒瓶有其自身独特的图形纹样，但是多支酒瓶放到一起又形成不一样的整体之美。如五粮液的“福禄寿禧”外包装和酒瓶包装（图 4-34、图 4-35），该酒为 4 瓶白酒的组合礼盒装，4 瓶身上的图形分别以具有谐音象征意义的蝙蝠、鹿、仙鹤和喜鹊为主角，加以山、水、树、云作为衬托饱满而富有意境，寓意福运满满、喜气洋溢。尤其扁平化剪纸风格的插画加以精美的烫金工艺，在晶光透亮的玻璃瓶上显得复古又时尚。4个酒瓶虽然画面图形上各有差别，但是放置在一起就组成了一幅完整的插画，这与外盒上的完整烫金福禄寿禧图案相呼应。

图 4-34 “福禄寿禧”礼盒包装

图 4-35 “福禄寿禧”酒瓶包装

同时，还有同一系列多支相同白酒酒瓶一同放置盒体，利用结构、图形间的相互作用，强化视觉展示效果。例如，2017 年“世界之星”包装奖（中国区） 获奖作品“西凤—开屏酒”（图 4-36），这一款酒品礼盒概念酒，其包装结合传统文化与现代工艺，将孔雀花纹以及孔雀开屏姿态与盒形开启方式进行了融合创新设计。孔雀寓意九德之鸟，孔雀开屏在中国文化中是吉祥美好的象征，预示着好运连连。该包装收纳合拢时，盒身上西凤酒的剪影与孔雀正立面做了异形同构的设计。当盒子开启后，瓶体的点状纹饰与盒身上的孔雀剪影图案相得益彰，错落有致的层次加之光影效果展示出一种孔雀开屏兼具立体感的独特韵味。此外，还有同一系列、不同酒瓶展示的效果，插画如五粮国宾酒·套酒（彩装）纪念版（图 4-37），主题皆为纪念“感知中国”15 周年，其瓶身金线勾勒五色描绘各洲标志建筑轮廓，古典祥云穿梭其间，完美演绎各国文明精髓，放置在一起视觉震撼，具有较高的收藏价值。

图 4-36 西凤—开屏酒

图 4-37　五粮国宾酒 · 套酒（彩装）

色彩在包装设计中，给人的心理感受与视觉效果相对于图形、文字来说是最强烈的，在用户选择酒品时，色彩搭配具有首因效应。我们早在原始时代的新石器后期就造出了白、黑、红几种单色为主的彩陶作品，经禹、汤、秦，历代帝王们从“阴阳五行”说分别崇尚青、赤、红、白、黑这五色。[①]这五种颜色被誉为后来的中华五色，而这五色中，当数红色和黄色最受白酒包装的青睐，并延续至今，其他三色次之。随着包装印刷工艺的发展，人们已经不屑于从前的单一色调，现在的酒包装色彩搭配前卫、大胆。人们可以在包装上看到在酒包装中的撞色配色还能看到在单支酒包装中借助光学作用，看到色彩过渡更丰富的配色方案。如泸州老窖打造的2018年新品茗酿（图4-38），在光源的作用下将印在酒瓶瓶身上的图案衬托得温柔又活泼。蓝绿色明暗过渡自然，清爽而又有意境，符合该酒品“入口柔、醉酒慢、醒酒快”的特点。同时，茗酿瓶体造型修长挺拔，图案张弛有度，玻璃晶莹通透，描绘青绿山水、炊烟人家，巧妙融合了现代审美与传统线描，极具东方美学气质，给人舒适愉悦的视觉体验。

① 陈凌．中国传统艺术在现代酒包装设计中的应用研究．湖南师范大学，2008（05）：8-9.

图 4-38　茗酿

汉字是我国极具历史底蕴与民族特性的传统文化元素，因此文字在白酒包装中也有着举足轻重的作用，能够最直接地表现白酒的历史文化和产品信息。因而在白酒包装设计中，文字大都以独具特色与形式美感的书法体展现。然而信息时期的到来，当代许多白酒包装字体不再是传统意义上的书法体，而是进行了字体再设计，也出现了混搭字体、线体等。例如，2018 年酒中酒集团推出的高端小酒酒品 125ml 酒中酒霸·新牛仔（图 4-39），一经上市变凭借其靓丽的包装外表吸粉无数，其中蓝红相间的配色、醒目的牛仔形象再加上力量感十足又不失细节的文案字体，可谓是画龙点睛。“酒中酒霸”四个字形似印章，两字为一排，笔画方正坚挺，两个“酒”字略有区别，前者宽，后者窄，正好让上下两排字在视觉体量上显得平衡，而“中”与“霸”的落笔都处理成书法中的飞白，显得苍劲有力。瓶身下方的另一组文字“黔派浓香型”则显得潇洒随意，青春活泼与酒中酒霸四个字形成极大反差，瓶身整体字体视觉层级丰富，满足了年轻消费群体时尚多元化的包装需求。

图 4-39　酒中酒霸 · 新牛仔

版式设计于白酒包装中是一个整体的设计，如今许多酒包装中的新潮流设计突破了四平八稳的常规版式，打破了人们印象中古板老派的白酒包装，更符合当前的时代审美需求。由于受西方洋酒包装的影响，版式呈现出大胆创新的态势：简约版式、活泼版式、满排版式等均令人耳目一新，极具时代感。如潘虎设计的获得2019年度“德国 iF 设计奖”的“牛栏山 70 系列”（图 4-40），颠覆了传统的版式设计。瓶身插画四面无缝连接，结合喷涂、烫金、丝印、烤花等工艺将祖国 70 年变化绘制于瓶身，在传承文化的基础上进行再创造让其变得时尚化，把中国故事说给更多人听。而近年崭露头角的黄鹤楼游泳酒（图 4-41），基于修长的瓶身之上，版式设计简洁大方。白酒内、外包装版式一致，因倾斜排版的酒标将包装分为上、中、下部分。上部为品牌商标，中部配浮雕金游泳波纹酒标，稍显灵动，下部为出品公司信息。除此以外，2019 年 12 月老牌习酒推出的新品贵州印象酒珍品（图 4-42）也在包装版式上延续了小部分常规传统中式排版，又予以创新，整体视觉效果简约大方，趋于现代审美。该包装正立面的装饰图形立足于贵州苗族的民族纹样，民族纹样嵌入习酒的大写字母内，文字横排与竖排混排，加以字母大小不一的节奏，让原本中规中矩的版式一下时尚生动起来。侧面版式也将产品信息与方框线条、苗族头饰等进行了版式设计，使其既是文字信息又兼具装饰特征。

图 4-40　牛栏山 70 系列

图 4-41　黄鹤楼游泳酒

4-42 贵州印象珍品酒

## 二、文案当道传递的情感信息

社交属性是白酒的重要属性之一，白酒天生就带有“情感基因”，从古至今，人们借助酒来抒发自己的情感，关于酒本身的文案，层出不穷。例如，“酒逢知己千杯少”“对酒当歌，人生几何”。信息时期互联网内容营销是诸多酒商日常的一个有效的运营方式，也就是人们常说的“内容为王”。包装上的文案已被纳入重点设计的对象（主要指酒标），但内容要与酒品系列相协调统一。其中的典型代表就是小酒江小白和红星小二锅头。白酒包装上的内容运营和互联网产品的内容运营还所有区别，以内容分享、病毒式传播为主。即当我们看白酒包装上的某局文案，发现有一句好像在说自己。然而包装里的文案与企业的营销战略、产品的营销主题是紧密相关的，有什么样的战略，就会有什么样的营销，有什么样的营销就会出现什么样的文案。

新型品牌江小白自2012年问世以来，将目标对象聚焦在崇尚简单生活，对传统白酒不太喜欢且具有奋斗精神的年轻人身上。白酒包装不仅停留在实

物的造型、装潢上，更是前期的营销策划中就做了统筹性的规划。在江小白的营销媒介中采取了年轻人备受追捧的抖音，还采用了征集软文、推送微信推文等形式拉拢目标用户的距离。产品包装中文案年轻化一时成为流行语录，让年轻一代既惊奇又产生共鸣。这些出现在酒瓶标签上的文案时而让人心酸、时而幽默搞笑、时而心灵鸡汤，但无一例外都深入挖掘了年轻人的情绪。如2016年江小白推出的Se100系列文案表达瓶营销活动，推出了语录表达瓶。如“懂得越多，懂得你的人就越少”“有些人你明明不愿意忘记，但TA却越走越远”“不说错话，不做错事，青春白走一回”等，当这些戳中内心的语录在酒标上出现时，用户都能从文字中产生共鸣，并在社交媒体中互动、传播，由此带来了超高人气。其他众多白酒品牌都将其作为学习榜样，如2018年青春小酒刁小妹第二代也仿效江小白瓶身上贴的文字标签，配上生活场景，在各大平台上进行大肆营销。

泸州老窖作为白酒业的老字号，拥有悠久的品牌历史与文化内涵。随着时代的发展，百年传承的泸州老窖转向互联网、大数据创新营销思维，精准了解现当代年轻人的消费倾向，并不断尝试打造出符合年轻群体追求的新产品，拉近与年轻消费群体的亲近感。营销方面也是紧跟潮流，通过文案营销、新媒体营销、体验式营销等来吸引年轻消费群体，这也是传统白酒品牌的现象。作为白酒中的老品牌泸州老窖也不甘在小酒市场中缺席。2018年9月泸州老窖百调与星座达人同道大叔携手，契合年轻人的消费心理，打造了又一款深得消费者青睐的网红小酒——百调&同道大叔十二星座酒（图4-43），瓶身设计极具时尚，专属十二星座娃娃和星座语录，如水瓶座“不能把这个世界让给你不喜欢的人”、天秤座“伟大的你还想让我怎样”、白羊座“相信所有的努力都不会被辜负”、天蝎座“时间会给你答案”等，以及更具互动的星座空间人机交互玩法。高辨识度的时尚外观，搭配口感绵甜纯净的40度酒体，给人以更轻松的饮酒体验。时尚外观、柔和口感加上年轻化心态的品牌口号——“开瓶小酒，意思意思”，都是十二星座专属文案，从外到内再到营销完完全全凸显了年轻化，借助自己高知名度的优势开拓青春小酒市场，文案具有年轻化、个性化的特点。

图 4-43　百调 & 同道大叔十二星座酒

# 后记　未来白酒包装的展望

根据《2017—2023 年中国白酒产业竞争现状及未来发展趋势报告》的数据表明，我国白酒产量占世界烈性酒的 38%，但实际国际销售量不到 1%，这表明我国白酒市场未来还有相当大的发展空间。而未来的白酒包装必须立足于中华民族的本土文化，以高度的民族文化自信，综合考虑环境、人与白酒本身，寻求其可持续发展路径。

从宏观环境上看，国家政策、经济发展、社会责任、科学技术都已经为可持续发展做了很大努力。国家及市场经济的政策是白酒行业和包装行业的风向标，确保了包装可持续发展生态链的建立。从微观环境上看，白酒作为名副其实的奢侈品，近十年来，其生产规模急速扩大，酒品从香型分类走向了以目标群体来分类，以清香型、浓香型为主的青春小酒异军突起。白酒行业受政策影响呈现出“过山车式”的发展路径，政府酒、地方酒的保护政策，价格战、新型酒品层出不穷却又转瞬即逝的现象比比皆是，白酒品牌的竞争也日益激烈。无论是传统知名白酒品牌还是新型白酒品牌，差异化竞争都是他们的必经之路。这种差异化酒品也是未来白酒品牌竞争的有效策略之一。此时酒品的一个短小精悍、易于记忆的名称或是醒目、扎心、响亮的广告语都足以让用户对酒品记忆深刻。但前提是酒品必须能让用户感受到人文关怀，也就是在白酒中得到共情，甚至感知到个人价值。未来的白酒研发依然要关注用户情感需求，针对用户的不同需求进行细化分类，提供定制化服务。酒商对于产品的研发不盲从、不停滞。对于新品要找准卖点，触发用户的痒点，击中用户的痛点，而产品的外化则是差异化的视觉包装。

同时，整个包装设计行业的理念变革，从“以人为本”转向“以自然为本”。从单一的包装转向体验与服务设计，将目标从“人”扩大到人所赖以生存、活动的“自然环境”中。人的体验固然重要，但人属于自然中的一部分，若任由包装对环境的继续破坏，体验设计也将沦为无稽之谈。实现未来新型节约、环保、可持续发展的方式则是通过新材料、新工艺、新科技等多路径共同作用。这里的新材料所指的是可持续的包装材料、可回收的包装材料；新工艺则包含了科学、可持续的包装结构、印刷工艺；新科技主要依赖于智能时代下的设计与制作的新技术、回收利用的新技术等。坚持白酒包装材料及生产工艺的健康、环保、低耗能。同时，区分白酒定位下的群饮型白酒的内包装与独享性的白酒包装，前者酒瓶精品化，兼具观赏审美价值和收藏价值，后者亲民便捷，兼具其他使用价值。

落实到白酒包装设计的执行上，人工智能技术从设计创意到印刷制作进行信息技术化处理，尤其是在设计初期提供了众多创意灵感，都大大提高了生产效率，但想要实现差异化视觉设计，还需立足于酒品本身定位，结合品牌文化、营销策略和成本预算等多个因素来设计造型、图形纹样，选择材质。而无论是在造型上、视觉元素上还是文案上，增加外部包装中思想文化的蕴含量都能有效增加白酒的附加值。在未来的白酒包装市场上，用户对包装的体量、质感与包装之上的情感之间的关系越发关注，用户追求酒品、包装设计与理想的自我之间的吻合成为无法逾越的话题，全民参与、圈层文化、趣味话题都为用户交互需求、情感需求指明了发展的方向。

# 参考文献


[1] 徐少华．中国酒文化研究 50 年 [J]．酿酒科技，1999（6）：15-18.

[2] 王文琴．伦理关怀产品人性化设计解读 [J]．滁州学院学报，2010（8）：18-20.

[3] 李砚祖．论设计美学中的“三美”[J]．黄河科技大学学报，2003（1）：60-67.

[4] 何漾等．饮料酒包装材料安全研究现状 [J]．食品安全质量检测学报，2018（10）:83-85.

[5] 任莹莹．酒包装附加值设计方法与原则探析．美术大观 [J]，2015(05)：134-135.

[6] 王凯宏，沈业，裴志超．中国夏商时期到明清时期陶器器型的发展演变 [J]．艺术教育，2016（6）：253-254.

[7] 韩梅、王英．20 世纪包装 100 件大事 [J]．包装世界，2000（10）：7.

[8] 赵红．纸盒包装造型与结构的创新 [J]．包装世界，2005（8）：79-80.

[9] 孟祥钊．酒类产品包装防伪技术 [J]．今日印刷，2008（2）：60-63.

[10] 戴宏民，戴佩燕．生态包装的基本特征及其材料的发展趋势 [J] 包装学报，2014(6)：5.

[11] 崔琦．中国饮料酒包装容器造型研究 [D]．西安理工大学，2009(3)：17.

[12] 余兰亭．传统文化在白酒包装中的体验设计研究 [D]．重庆大学，2012（4）：23.

[13] 王京成．中国古代陶瓷盛酒器的造型特点研究 [D]. 山东艺术学院，2011（4）：19-21.

[14] 陈琳．中国古代饮酒器造型研究 [D]. 南京林业大学，2009（6）：25-26.

[15] 宋晓丽．唐代团花及其应用研究 [D]. 兰州大学，2011(03)：8-10.

[16] 张卉．中国古代陶器设计艺术发展源流 [D]. 南京艺术学院，2017(5):40-41.

[17] 杜锦凡．民国时期的酒政研究 [D]. 山东师范大学，2013（5）：23.

[18] 肖俊生，马芸芸．中国酿酒史研究的现状、问题及展望 [D]. 中华文化论坛，2018（12）：145.

[19] 田奕茹，汾酒包装的变迁研究 [D] 太原理工大学，2013(5)：14.

[20] [ 美 ] 伯恩德 • 施密特．体验式营销 [M]. 北京：中国三峡出版社，2000（8）：79.

[21] 何满子．中国酒文化 [M]. 上海：上海古籍出版社，2001(3)：13.

[22] 曹漫之．唐律疏议译注 [M]. 吉林人民出版社，1989：884.

[23] 何洁．现代包装设计 [M]. 清华大学出版社，2018（12）：227.

[24] [ 清 ] 张廷玉等撰．《明史》卷四十七．第 5 册．北京：中华书局，1974：1237.

[25] 潘吉星．论印刷物物质载体纸的起源 [A]，中国印刷史学术研讨会文集 [C]. 北京：印刷工业出版社，1997:106-109.

[26] 智能包装一体化，开启防伪包装新模式 https://www.sohu.com/a/217458679_471385.

[27]（美）B. 约瑟夫•派恩，（美）詹姆斯•H. 吉尔摩著．机械工业出版社，2002（05）：21.

[28] 陈祥贤．材料语义在包装设计中的运用研究．齐鲁工业大学，2017（5）：13-26.

[29] 陈凌．中国传统艺术在现代酒包装设计中的应用研究．湖南师范大学，2008（05）：8-9.